# Verständliche Wissenschaft

Einundzwanzigster Band

## Streifzüge durch die Umwelten von Tieren und Menschen

Ein Bilderbuch unsichtbarer Welten

Von

J. v. Uexküll und G. Kriszat

Berlin · Verlag von Julius Springer · 1934

# Streifzüge durch die Umwelten von Tieren und Menschen

## Ein Bilderbuch unsichtbarer Welten

Von

Professor J. Baron Uexküll

und

G. Kriszat

1. bis 5. Tausend

Mit 59 zum Teil farbigen Abbildungen

Berlin · Verlag von Julius Springer · 1934

ISBN 978-3-642-98165-4 ISBN 978-3-642-98976-6 (eBook)
DOI 10.1007/978-3-642-98976-6


Softcover reprint of the hardcover 1st edition 1934

Herrn Professor Otto Kestner

dem treuen Förderer der Umweltforschung

zum 60. Geburtstage

gewidmet

# Vorwort.

Vorliegendes Büchlein erhebt nicht den Anspruch, als Leitfaden in eine neue Wissenschaft zu dienen. Es enthält eher das, was man die Beschreibung eines Spazierganges in unbekannte Welten nennen könnte. Diese Welten sind nicht bloß unbekannt, sondern auch unsichtbar, ja mehr als das, ihre Daseinsberechtigung wird ihnen von vielen Zoologen und Physiologen überhaupt abgesprochen.

Diese jeden Kenner jener Welten sonderbar anmutende Behauptung wird dadurch verständlich, daß der Zugang zu den Welten sich nicht jedem erschließt, ja daß gewisse Überzeugungen geeignet sind, das Tor, welches den Eingang zu ihnen bildet, so fest zu verrammeln, daß nicht ein Lichtstrahl von all dem Glanz, der über die Welten gebreitet liegt, hervordringen kann.

Wer an der Überzeugung festhalten will, daß alle Lebewesen nur Maschinen sind, gebe die Hoffnung auf, jemals ihre Umwelten zu erblicken.

Wer aber noch nicht auf die Maschinentheorie der Lebewesen eingeschworen ist, möge Folgendes bedenken. Alle unsere Gebrauchsgegenstände und Maschinen sind nichts anderes als Hilfsmittel des Menschen. Und zwar gibt es Hilfsmittel des Wirkens — die sogenannten *Werkzeuge*, zu denen alle großen Maschinen gehören, die in unseren Fabriken der Bearbeitung der Naturerzeugnisse dienen, ferner alle Eisenbahnen, Autos und Flugzeuge. Es gibt aber auch Hilfsmittel des Merkens, die man *Merkzeuge* nennen kann, wie Teleskope, Brillen, Mikrophone, Radioapparate u. s. f.

Es liegt nun nahe anzunehmen, ein Tier sei nichts anderes als eine Auswahl geeigneter Merkzeuge und Werkzeuge, die durch einen Steuerapparat zu einem Ganzen verbunden sind, das zwar immer noch Maschine bliebe, aber trotzdem geeignet wäre, die Lebensfunktionen eines Tieres auszuüben. Dies ist in der Tat die Ansicht aller Maschinentheoretiker, mögen sie beim Vergleich mehr an starre Mechanismen oder plastische Dynamismen denken. Die Tiere werden dadurch zu reinen Objekten gestempelt. Dabei vergißt man, daß man von Anfang an die Hauptsache unterschlagen hat, nämlich das *Subjekt,* das sich der Hilfsmittel bedient, mit ihnen merkt und mit ihnen wirkt.

Mittels der unmöglichen Konstruktion eines kombinierten Merk-Werkzeuges hat man nicht bloß bei den Tieren die Sinnesorgane und Bewegungsorgane wie Maschinenteile zusammengeflickt (ohne Rücksicht auf ihr Merken und Wirken zu nehmen), sondern ist auch dazu übergegangen, die Menschen zu maschinisieren. Nach Ansicht der Behavioristen sind unser Empfinden und unser Wille nur Schein, im besten Falle sind sie als störende Nebengeräusche zu werten.

Wer aber noch der Ansicht ist, daß unsere Sinnesorgane unserem Merken und unsere Bewegungsorgane unserem Wirken dienen, wird auch in den Tieren nicht bloß ein maschinelles Gefüge sehen, sondern auch den *Maschinisten* entdecken, der in die Organe ebenso eingebaut ist wie wir selbst in unseren Körper. Dann wird er aber die Tiere nicht mehr als bloße Objekte, sondern als Subjekte ansprechen, deren wesentliche Tätigkeit im Merken und Wirken besteht.

Damit ist aber bereits das Tor erschlossen, das zu den Umwelten führt, denn alles, was ein Subjekt merkt, wird zu seiner *Merkwelt,* und alles, was es wirkt, zu seiner *Wirkwelt.* Merkwelt und Wirkwelt bilden gemeinsam eine geschlossene Einheit, die *Umwelt.*

Die Umwelten, die ebenso vielfältig sind wie die Tiere selbst, bieten jedem Naturfreunde neue Länder von solchem Reichtum und Schönheit, daß sich ein Spaziergang durch dieselben wohl lohnt, auch wenn sie sich nicht unserem leiblichen, sondern nur unserem geistigen Auge erschließen.

Wir beginnen einen solchen Spaziergang am besten an einem sonnigen Tage vor einer blumenreichen Wiese, die von Käfern durchsummt und von Schmetterlingen durchflattert ist, und bauen nun um jedes der Tiere, die die Wiese bevölkern, eine Seifenblase, die ihre Umwelt darstellt und die erfüllt ist von allen jenen Merkmalen, die dem Subjekt zugänglich sind. Sobald wir selbst in eine solche Seifenblase eintreten, gestaltet sich die bisher um das Subjekt ausgebreitete Umgebung völlig um. Viele Eigenschaften der bunten Wiese verschwinden völlig, andere verlieren ihre Zusammengehörigkeit, neue Bindungen werden geschaffen. Eine neue Welt entsteht in jeder Seifenblase.

Diese Welten mit zu durchwandern, wird der Leser der vorliegenden Reisebeschreibung aufgefordert. Die Verfasser haben sich bei Abfassung des Buches derart in die Aufgabe geteilt, daß der eine (Uexküll) den Text verfaßte, der andere (Kriszat) für Bildermaterial sorgte.

Wir hoffen, mit dieser Reisebeschreibung einen entscheidenden Schritt vorwärts zu tun und viele Leser davon zu überzeugen, daß es wirklich Umwelten gibt und daß sich hier ein neues, unendlich reiches Gebiet der Forschung eröffnet.

Zugleich soll dieses Buch Zeugnis ablegen von dem gemeinsamen Forschergeist der am Institut für Umweltforschung zu Hamburg tätigen Mitarbeiter.

Zu besonderem Dank sind wir Dr. K. Lorenz verpflichtet, der durch Übersendung der Bilder, die seine reichen Erfahrungen an Dohlen und Staren erläutern, unsere Arbeit sehr gefördert hat. Prof. Eggers sandte uns freundlicherweise einen eingehenden Bericht über seine Versuche an Nachtschmetterlingen. Der bekannte Aquarellist Franz Huth entwarf für uns die Darstellung des Zimmers und der Eiche. Die Abbildungen 46 und 59 wurden von Th. v. Uexküll entworfen. Ihnen allen sprechen wir unseren herzlichen Dank aus.

Hamburg, im Dezember 1933.

**J. v. Uexküll.**

# Inhaltsverzeichnis.

# Einleitung.

Ein jeder Landbewohner, der mit seinem Hunde häufig Wald und Busch durchstreift, hat gewiß die Bekanntschaft eines winzigen Insektes gemacht, das, an den Zweigen der Büsche hängend, auf seine Beute, sei es Mensch oder Tier, lauert, um sich auf sein Opfer zu stürzen und sich mit seinem Blute vollzusaugen. Dabei schwillt das ein bis zwei Millimeter große Tier bis zur Größe einer Erbse an (Abb. 1).

Die Zecke oder der Holzbock ist zwar kein gefährlicher, aber doch unliebsamer Gast der Säugetiere und Menschen. Sein Lebenslauf ist durch neuere Arbeiten in vielen Einzelheiten so weit geklärt worden, daß wir ein fast lückenloses Bild von ihm entwerfen können.

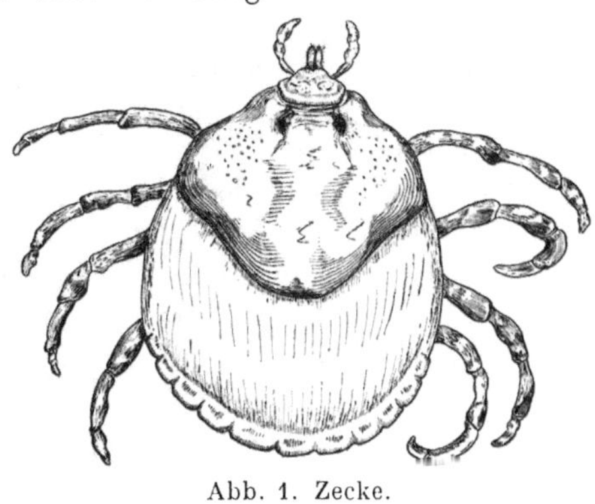
Abb. 1. Zecke.

Aus dem Ei entschlüpft ein noch nicht voll ausgebildetes Tierchen, dem noch ein Beinpaar und die Geschlechtsorgane fehlen. In diesem Zustand ist es bereits befähigt, kaltblütige Tiere, wie Eidechsen, zu überfallen, denen es, auf der Spitze eines Grashalmes sitzend, auflauert. Nach mehreren Häutungen hat es die ihm fehlenden Organe erworben und begibt sich nun auf die Jagd auf Warmblüter.

Nachdem das Weibchen begattet worden ist, klettert es mit seinen vollzähligen acht Beinen bis an die Spitze eines vorstehenden Astes eines beliebigen Strauches, um aus genügender Höhe sich entweder auf unter ihm hinweglaufende kleinere Säugetiere herabfallen zu lassen oder um sich von größeren Tieren abstreifen zu lassen.

Den Weg auf seinen Wartturm findet das augenlose Tier mit Hilfe eines allgemeinen Lichtsinnes der Haut. Die Annäherung der Beute wird dem blinden und tauben Wegelagerer durch seinen Geruchssinn offenbar. Der Duft der Buttersäure, die den Hautdrüsen aller Säugetiere entströmt, wirkt auf die Zecke als Signal, um ihren Wachtposten zu verlassen und sich herabzustürzen. Fällt sie dabei auf etwas Warmes, was ihr ein feiner Temperatursinn verrät — dann hat sie ihre Beute, den Warmblüter, erreicht und braucht nur noch mit Hilfe ihres Tastsinnes eine möglichst haarfreie Stelle zu finden, um sich bis über den Kopf in das Hautgewebe ihrer Beute einzubohren. Nun pumpt sie langsam einen Strom warmen Blutes in sich hinein.

Versuche mit künstlichen Membranen und anderen Flüssigkeiten als Blut haben erwiesen, daß der Zecke jeder Geschmackssinn abgeht, denn nach Durchbohrung der Membran wird jede Flüssigkeit aufgenommen, sofern sie nur die richtige Temperatur hat.

Fällt die Zecke, nachdem das Merkmal der Buttersäure gewirkt hat, auf etwas Kaltes, so hat sie ihre Beute verfehlt und muß wieder auf ihren Wachtposten emporklettern.

Die ausgiebige Blutmahlzeit der Zecke ist zugleich auch ihre Henkersmahlzeit, denn nun bleibt ihr nichts zu tun übrig, als sich zu Boden fallen zu lassen, ihre Eier abzulegen und zu sterben.

Die übersichtlichen Lebensvorgänge der Zecke bieten uns einen geeigneten Prüfstein, um die Stichhaltigkeit der biologischen Betrachtungsweise gegenüber der physiologischen Behandlung, wie sie bisher üblich war, nachzuweisen.

Für den Physiologen ist ein jedes Lebewesen ein Objekt, das sich in seiner Menschenwelt befindet. Er untersucht die Organe der Lebewesen und ihr Zusammenwirken, wie ein Techniker eine ihm unbekannte Maschine erforschen würde. Der Biologe hingegen gibt sich davon Rechenschaft, daß ein jedes Lebewesen ein Subjekt ist, das in einer eigenen Welt lebt, deren Mittelpunkt es bildet. Es darf daher nicht mit einer Maschine, sondern nur mit dem die Maschine lenkenden Maschinisten verglichen werden.

Wir stellen kurz die Frage: Ist die Zecke eine Maschine oder ein Maschinist, ist sie ein bloßes Objekt oder ein Subjekt?

Die Physiologie wird die Zecke für eine Maschine erklären und sagen: an der Zecke kann man Receptoren, d. h. Sinnesorgane, und Effektoren, d. h. Handlungsorgane, unterscheiden, die durch einen Steuerapparat im Zentralnervensystem miteinander verbunden sind. Das ganze ist eine Maschine, von einem Maschinisten ist nichts zu sehen.

„Darin gerade liegt der Irrtum", wird der Biologe antworten, „kein einziger Teil des Zeckenkörpers besitzt den Charakter einer Maschine, überall sind Maschinisten wirksam."

Der Physiologe wird unbeirrt fortfahren: „Gerade bei der Zecke läßt es sich zeigen, daß alle Handlungen ausschließlich auf Reflexen[1] beruhen, und der Reflexbogen bildet die Grundlage einer jeden Tiermaschine (Abb. 2). Er beginnt mit einem Receptor, d. h. mit einem Apparat, der nur bestimmte äußere Einflüsse, wie Buttersäure und Wärme, einläßt, alle anderen aber abblendet. Er endet mit einem Muskel, der einen Effektor, sei es den Gangapparat oder den Bohrapparat in Bewegung setzt.

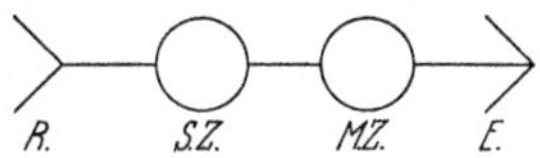

Abb. 2. Reflexbogen.

Die die Sinneserregung auslösenden „sensorischen" und die den Bewegungsimpuls auslösenden „motorischen" Zellen dienen nur als Verbindungsteile, um die durchaus körperlichen Erregungswellen, die vom Receptor auf den äußeren Anstoß hin in den Nerven erzeugt werden, den Muskeln der Effektoren hinzuleiten. Der ganze Reflexbogen arbeitet mit Be-

[1] Reflex bedeutet ursprünglich das Auffangen und Zurückwerfen eines Lichtstrahls durch einen Spiegel. Auf die Lebewesen übertragen, versteht man unter Reflex das Auffangen eines äußeren Reizes durch einen Receptor und die von Reiz bewirkte Beantwortung durch die Effektoren des Lebewesens. Dabei wird der Reiz in Nervenerregung verwandelt, die mehrere Stationen zu passieren hat, um vom Receptor zum Effektor zu gelangen. Der dabei zurückgelegte Weg wird als Reflexbogen bezeichnet.

wegungsübertragung wie jede Maschine. Kein subjektiver Faktor, wie es ein oder mehrere Maschinisten wären, tritt irgendwo in die Erscheinung."

„Gerade das Gegenteil ist der Fall, wird der Biologe erwidern, wir haben es überall mit Maschinisten und nicht mit Maschinenteilen zu tun. Denn alle einzelnen Zellen des Reflexbogens arbeiten nicht mit Bewegungsübertragung, sondern mit Reizübertragung. Ein Reiz aber muß von einem Subjekt „gemerkt" werden und kommt bei Objekten überhaupt nicht vor."

Ein jeder Maschinenteil, wie z. B. der Klöppel einer Glocke, arbeitet nur dann maschinenmäßig, wenn er in bestimmter Weise hin und her geschwungen wird. Alle anderen Eingriffe, wie Kälte, Wärme, Säuren, Alkalien, elektrische Ströme, werden von ihm wie von einem beliebigen Stück Metall beantwortet. Nun wissen wir aber seit Joh. Müller, daß ein Muskel sich durchaus anders benimmt. Alle äußeren Eingriffe beantwortet er in der gleichen Weise: durch Zusammenziehen. Jeder äußere Eingriff wird von ihm in den gleichen Reiz verwandelt und mit dem gleichen Impuls beantwortet, der seinen Zellkörper zum Zusammenziehen veranlaßt.

Joh. Müller hat ferner gezeigt, daß alle äußeren Wirkungen, die unseren Sehnerven treffen, mögen es Ätherwellen oder Druck oder elektrische Ströme sein, eine Lichtempfindung hervorrufen, d. h. unsere Sehsinneszellen antworten mit dem gleichen „Merkzeichen".

Daraus dürfen wir schließen, daß jede lebende Zelle ein Maschinist ist, der merkt und wirkt und daher ihm eigentümliche (spezifische) Merkzeichen und Impulse oder „Wirkzeichen" besitzt. Das vielfältige Merken und Wirken des ganzen Tiersubjektes ist somit auf das Zusammenarbeiten kleiner Zellmaschinisten zurückzuführen, von denen jeder nur über ein Merk- und ein Wirkzeichen verfügt.

Um ein geordnetes Zusammenarbeiten zu ermöglichen, bedient sich der Organismus der Gehirnzellen (auch diese sind elementare Maschinisten) und gruppiert die eine Hälfte als „Merkzellen" im reizaufnehmenden Teil des Gehirnes, dem „Merkorgan", in kleinere oder größere Verbände. Diese Verbände entsprechen äußeren Reizgruppen, welche als Fragen an das Tiersubjekt herantreten. Die andere Hälfte der Gehirnzellen benutzt der Organismus als „Wirkzellen“ oder Impulszellen und gruppiert sie zu Verbänden, mit denen er die Bewegungen der Effektoren beherrscht, die die Antworten des Tiersubjektes an die Außenwelt erteilen.

Die Verbände der Merkzellen erfüllen die „Merkorgane“ des Gehirnes, und die Verbände der Wirkzellen bilden den Inhalt der „Wirkorgane“ des Gehirnes.

Wenn wir uns demgemäß ein Merkorgan als eine Stätte wechselnder Verbände von Zellmaschinisten vorstellen dürfen, welche die Träger von spezifischen Merkzeichen sind, so bleiben sie doch räumlich getrennte Einzelwesen. Auch ihre Merkzeichen würden isoliert bleiben, wenn sie nicht die Möglichkeit hätten, sich außerhalb des räumlich festgelegten Merkorgans zu neuen Einheiten zu verschmelzen. Und diese Möglichkeit ist tatsächlich vorhanden. Die Merkzeichen einer Gruppe von Merkzellen vereinigen sich außerhalb des Merkorgans, ja außerhalb des Tierkörpers zu Einheiten, welche zu Eigenschaften der außerhalb des Tiersubjektes liegenden Objekte werden. Diese Tatsache ist uns allen wohlbekannt. Alle unsere menschlichen Sinnesempfindungen, die unsere spezifischen Merkzeichen darstellen, vereinigen sich zu den Eigenschaften der Außendinge, die uns als Merkmale für unser Handeln dienen. Die Empfindung „Blau“ wird zur „Bläue“ des Himmels — die Empfindung „Grün“ wird zur „Grüne“ des Rasens usf. Am Merkmal Blau erkennen wir den Himmel und am Merkmal Grün erkennen wir den Rasen.

Ganz das gleiche spielt sich im Wirkorgan ab. Hier spielen die Wirkzellen die Rolle elementarer Maschinisten, die in diesem Falle gemäß ihren Wirkzeichen oder Impulsen zu wohlgegliederten Gruppen angeordnet sind. Auch hier besteht die Möglichkeit, die isolierten Wirkzeichen zu Einheiten zusammenzufassen, die als in sich geschlossene Bewegungsimpulse oder rhythmisch gegliederte Impulsmelodien auf die ihnen unterstellten Muskeln einwirken. Worauf die von den Muskeln in Tätigkeit gesetzten Effektoren den außerhalb des Subjektes gelegenen Objekten ihr „Wirkmal“ aufprägen.

Das Wirkmal, das die Effektoren des Subjektes dem Objekt erteilen, ist ohne weiteres erkennbar — wie die Wunde, die der Bohrrüssel der Zecke der Haut des von ihr befallenen Säugetiers zufügt. Aber erst die mühevolle Auffindung der Merkmale der Buttersäure und der Wärme hat das Bild der in ihrer Umwelt tätigen Zecke vollendet.

Bildlich gesprochen greift jedes Tiersubjekt mit zwei Gliedern einer Zange sein Objekt an — einem Merk- und einem Wirkgliede. Mit dem einen Gliede erteilt es dem Objekt ein Merkmal und mit dem andern ein Wirkmal. Dadurch werden bestimmte Eigenschaften des Objekts zu Merkmalträgern und andere zu Wirkmalträgern. Da alle Eigenschaften eines Objektes durch den Bau des Objektes miteinander verbunden sind, müssen die vom Wirkmal getroffenen Eigenschaften durch das Objekt hindurch ihren Einfluß auf die das Merkmal tragenden Eigenschaften ausüben und auch auf dieses selbst verändernd einwirken. Dies drückt man am besten kurz so aus: *das Wirkmal löscht das Merkmal aus.*

Entscheidend für den Ablauf einer jeden Handlung aller Tiersubjekte ist neben der Auswahl von Reizen, welche die Receptoren passieren lassen und neben der Anordnung der Muskeln, die den Effektoren bestimmte Betätigungsmöglichkeiten verleiht, vor allem die Zahl und Anordnung der Merkzellen, die mit Hilfe ihrer Merkzeichen die Objekte der Umwelt mit Merkmalen auszeichnen und die Zahl und Anordnung der Wirkzellen, die mit ihren Wirkzeichen die gleichen Objekte mit Wirkmalen versehen.

Das Objekt ist nur insofern an der Handlung beteiligt, als es die nötigen Eigenschaften besitzen muß, die einerseits als Merkmalträger, andererseits als Wirkmalträger dienen können, die durch ein Gegengefüge miteinander in Verbindung stehen müssen.

Die Beziehungen von Subjekt zu Objekt werden am übersichtlichsten durch das Schema des Funktionskreises erläutert (Abb. 3). Er zeigt, wie Subjekt und Objekt ineinander eingepaßt sind und ein planmäßiges Ganzes bilden. Stellt man sich weiter vor, daß ein Subjekt durch mehrere Funktionskreise an das gleiche oder an verschiedene Objekte gebunden ist, so erhält man einen Einblick in den ersten Fundamentalsatz der Umweltlehre: Alle Tiersubjekte, die einfachsten wie die vielgestaltigsten, sind mit der gleichen Vollkommenheit in ihre Umwelten eingepaßt. Dem einfachen Tiere entspricht eine einfache Umwelt, dem vielgestaltigen eine ebenso reichgegliederte Umwelt.

Und nun setzen wir in das Schema des Funktionskreises die Zecke als Subjekt und das Säugetier als ihr Objekt ein. Es zeigt sich alsbald, daß drei Funktionskreise planmäßig nacheinander ablaufen. Die Hautdrüsen des Säugetiers bilden die Merkmalträger des ersten Kreises, denn der Reiz der Buttersäure löst im Merkorgan spezifische Merkzeichen aus, die als Geruchsmerkmal hinausverlegt werden. Die Vorgänge im Merkorgan rufen durch Induktion (was das ist, wissen wir nicht) im Wirkorgan entsprechende Impulse hervor, die das Loslassen der Beine und das Herabfallen hervorrufen. Die herabfallende Zecke erteilt den getroffenen Haaren des Säugetiers das Wirkmal des Anstoßens, das nun seinerseits ein Tastmerkmal auslöst, wodurch das Geruchsmerkmal der Buttersäure ausgelöscht wird. Das neue Merkmal löst ein Herumlaufen aus, bis es auf der ersten haarfreien Hautstelle durch das Merkmal Wärme abgelöst wird, worauf das Einbohren beginnt.

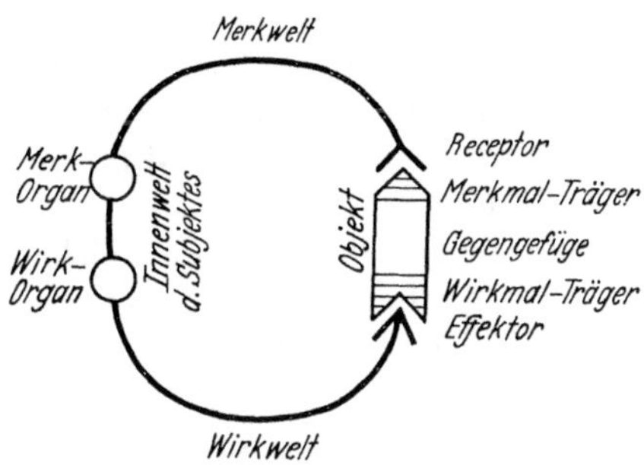

Abb. 3. Funktionskreis.

Zweifellos handelt es sich hierbei um drei einander ablösende Reflexe, die immer durch objektiv feststellbare physikalische resp. chemische Wirkungen ausgelöst werden. Wer sich aber mit dieser Feststellung begnügt und annimmt, das Problem dadurch gelöst zu haben, beweist nur, daß er das wirkliche Problem gar nicht gesehen hat. Nicht der chemische Reiz der Buttersäure steht in Frage, ebensowenig wie der (durch die Haare ausgelöste) mechanische Reiz, noch der

Temperaturreiz der Haut, sondern allein die Tatsache, daß unter den Hunderten von Wirkungen, die von den Eigenschaften des Säugetierkörpers ausgehen, nur drei zu Merkmalträgern für die Zecke werden, und warum gerade diese drei und keine anderen?

Wir haben es nicht mit einem Kräfteaustausch zwischen zwei Objekten zu tun, sondern es handelt sich um die Beziehungen zwischen einem lebenden Subjekt und seinem Objekt und diese spielen sich auf einer ganz anderen Ebene ab, nämlich zwischen dem Merkzeichen des Subjektes und dem Reiz des Objektes.

Die Zecke hängt regungslos an der Spitze eines Astes in einer Waldlichtung. Ihr ist durch ihre Lage die Möglichkeit geboten, auf ein vorbeilaufendes Säugetier zu fallen. Von der ganzen Umgebung dringt kein Reiz auf sie ein. Da nähert sich ein Säugetier, dessen Blut sie für die Erzeugung ihrer Nachkommen bedarf.

Und nun geschieht etwas höchst Wunderbares, von allen Wirkungen, die vom Säugetierkörper ausgehen, werden nur drei und diese in bestimmter Reihenfolge zu Reizen. Aus der übergroßen Welt, die die Zecke umgibt, leuchten drei Reize wie Lichtsignale aus dem Dunkel hervor und dienen der Zecke als Wegweiser, die sie mit Sicherheit zum Ziele führen. Um das zu ermöglichen, sind der Zecke außer ihrem Körper mit seinen Receptoren und Effektoren drei Merkzeichen mitgegeben worden, die sie als Merkmale verwenden kann. Und durch diese Merkmale ist der Zecke der Ablauf ihrer Handlungen so fest vorgeschrieben, daß sie nur ganz bestimmte Wirkmale hervorzubringen vermag.

Die ganze reiche, die Zecke umgebende Welt schnurrt zusammen und verwandelt sich in ein ärmliches Gebilde, das der Hauptsache nach aus 3 Merkmalen und 3 Wirkmalen besteht — ihre Umwelt. Die Ärmlichkeit der Umwelt bedingt aber gerade die Sicherheit des Handelns, und Sicherheit ist wichtiger als Reichtum.

Am Beispiel der Zecke lassen sich, wie man sieht, die Grundzüge des Aufbaues der Umwelten, die für alle Tiere gültig sind, ableiten. Aber die Zecke besitzt noch eine sehr merkwürdige Fähigkeit, die uns einen weiteren Einblick in die Umwelten eröffnet.

Es ist ohne weiteres klar, daß der Glückszufall, der ein Säugetier unter den Ast, auf dem die Zecke sitzt, vorbeiführt, außerordentlich selten eintritt. Dieser Nachteil wird auch durch die große Zahl von Zecken, die auf den Büschen lauern, nicht genügend ausgeglichen, um die Fortdauer der Art sicherzustellen. Es muß noch die Fähigkeit der Zecke, lange Zeit ohne Nahrung leben zu können, dazukommen, um die Wahrscheinlichkeit, daß ihr eine Beute in den Weg läuft, zu erhöhen. Und diese Fähigkeit besitzt die Zecke allerdings in ungewöhnlichem Maße. Im Zoologischen Institut zu Rostock hat man Zecken am Leben erhalten, die bereits 18 Jahre gehungert hatten[1]. 18 Jahre warten kann die Zecke, das können wir Menschen nicht. Unsere menschliche Zeit besteht aus einer Reihe von Momenten, d. h. kürzesten Zeitabschnitten, innerhalb derer die Welt keine Veränderung zeigt. Während der Dauer eines Momentes steht die Welt still. Der Moment des Menschen währt $^1/_{18}$ Sekunde[2]. Wir werden später sehen, daß die Dauer des Momentes bei verschiedenen Tieren wechselt, aber welche Zahl wir auch für die Zecke ansetzen wollen,

[1] Die Zecke ist in jeder Hinsicht für eine lange Hungerperiode gebaut. Die Samenzellen, die das Weibchen während seiner Wartezeit beherbergt, bleiben in Samenkapseln gebündelt liegen, bis das Säugetierblut in den Magen der Zecke gelangt — dann befreien sie sich und befruchten die Eier, die im Eierstock ruhten. Im Gegensatz zur vollendeten Einpassung der Zecke in ihr Beuteobjekt, das sie endlich ergreift, steht die äußerst geringe Wahrscheinlichkeit, daß dies trotz langer Wartezeit wirklich geschieht. Bodenheimer hat ganz recht, wenn er von einer *pessimalen*, d. h. denkbar ungünstigen Welt redet, in der die meisten Tiere leben. Nur ist diese Welt nicht ihre Umwelt, sondern ihre Umgebung. *Optimale*, d. h. denkbar günstige *Umwelt* und *pessimale Umgebung* wird als allgemeine Regel gelten können. Denn es kommt immer darauf an, daß die Art erhalten bleibe, mögen noch so viele Einzelindividuen zugrunde gehen. Wäre die Umgebung bei einer Art nicht pessimal, so würde sie dank ihrer optimalen Umwelten das Übergewicht über alle anderen Arten erlangen.

[2] Den Beweis dafür liefert das Kino. Bei der Vorführung eines Filmstreifens müssen die Bilder ruckweise nacheinander vorspringen und dann stillstehen. Um sie in voller Schärfe zu zeigen, muß das ruckweise Vorspringen durch Vorbeiführen eines Schirmes unsichtbar gemacht werden. Die Verdunkelung, die dabei auftritt, wird von unserem Auge nicht wahrgenommen, wenn das Stillestehen des Bildes und seine Verdunkelung innerhalb einer Achtzehntelsekunde geschieht. Wird die Zeit länger genommen, so entsteht das unleidliche Flimmern.

die Fähigkeit, eine nie wechselnde Umwelt 18 Jahre lang zu ertragen, liegt außerhalb des Bereiches jeder Möglichkeit. Wir werden daher annehmen, daß die Zecke während ihrer Wartezeit sich in einem schlafähnlichen Zustand befindet, der ja auch bei uns die Zeit stundenlang unterbricht. Nur ruht die Zeit in der Umwelt der Zecke während ihrer Warteperiode nicht bloß stundenlang, sondern über viele Jahre, und tritt erst wieder in Wirksamkeit, wenn das Signal Buttersäure die Zecke zu neuer Tätigkeit erweckt.

Was haben wir mit dieser Erkenntnis gewonnen? Etwas sehr Bedeutsames. Die Zeit, die alles Geschehen umrahmt, scheint uns das allein objektiv Feststehende zu sein gegenüber dem bunten Wechsel ihres Inhaltes, und nun sehen wir, daß das Subjekt die Zeit seiner Umwelt beherrscht. Während wir bisher sagten: Ohne Zeit kann es kein lebendes Subjekt geben, werden wir jetzt sagen müssen: Ohne ein lebendes Subjekt kann es keine Zeit geben.

Wir werden im nächsten Kapitel sehen, daß das Gleiche auch für den Raum gilt: Ohne ein lebendes Subjekt kann es weder Raum noch Zeit geben. Damit hat die Biologie endgültig Anschluß an die Lehre K a n t s gewonnen, die sie in der Umweltlehre durch Betonung der entscheidenden Rolle der Subjekte naturwissenschaftlich ausbeuten will.

## Die Umwelträume.

Wie ein Feinschmecker sich aus dem Kuchen nur die Rosinen heraussucht, so hat die Zecke aus den Dingen ihrer Umgebung nur die Buttersäure herausgelöst. Uns interessiert es nicht zu wissen, welche Geschmacksempfindungen die Rosinen dem Feinschmecker bereiten, sondern nur die Tatsache, daß die Rosinen zu Merkmalen seiner Umwelt werden, weil sie für ihn von besonderer biologischer Bedeutung sind; so fragen wir auch nicht, wie die Buttersäure der Zecke riecht oder schmeckt, sondern wir registrieren nur die Tatsache, daß die Buttersäure als biologisch bedeutsam zum Merkmal der Zecke wird.

Wir begnügen uns mit der Feststellung, daß im Merkorgan der Zecke Merkzellen vorhanden sein müssen, die ihre Merkzeichen hinaussenden, wie wir das auch für das Merkorgan des Feinschmeckers annehmen. Nur verwandeln die Merkzeichen der Zecke den Buttersäurereiz in ein Merkmal ihrer Umwelt, während die Merkzeichen des Feinschmeckers in seiner Umwelt den Rosinenreiz in ein Merkmal verwandeln.

Die Umwelt des Tieres, die wir gerade erforschen wollen, ist nur ein Ausschnitt aus der Umgebung, die wir um das Tier ausgebreitet sehen — und diese Umgebung ist nichts anderes als unsere eigene menschliche Umwelt. Die erste Aufgabe der Umweltforschung besteht darin, die Merkmale des Tieres aus den Merkmalen seiner Umgebung herauszusuchen und mit ihnen die Umwelt des Tieres aufzubauen. Das Merkmal der Rosinen läßt die Zecke völlig kalt, während das Merkmal der Buttersäure in ihrer Umwelt eine hervorragende Rolle spielt. In der Umwelt des Feinschmeckers liegt der Akzent der Bedeutsamkeit, dagegen nicht auf der Buttersäure, sondern auf dem Merkmal der Rosinen.

Jedes Subjekt spinnt seine Beziehungen wie die Fäden einer Spinne zu bestimmten Eigenschaften der Dinge und verwebt sie zu einem festen Netz, das sein Dasein trägt.

Welcherart die Beziehungen zwischen dem Subjekt und den Objekten seiner Umgebung sein mögen, stets spielen sie sich außerhalb des Subjektes ab, woselbst wir die Merkmale zu suchen haben. Die Merkmale sind daher immer irgendwie räumlich gebunden, und da sie in bestimmter Reihenfolge einander ablösen, sind sie auch zeitlich gebunden.

Nur allzu leicht wiegen wir uns in dem Wahne, daß die Beziehungen des fremden Subjektes zu ihren Umweltdingen sich im gleichen Raume und in der gleichen Zeit abspielen wie die Beziehungen, die uns mit den Dingen unserer Menschenwelt verknüpfen. Genährt wird dieser Wahn durch den Glauben an die Existenz einer einzigen Welt, in die alle Lebewesen eingeschachtelt sind. Daraus entspringt die allgemein gehegte Überzeugung, daß es nur einen Raum und eine Zeit für alle Lebewesen geben müsse. Erst in letzter Zeit sind den Physikern Zweifel an der Existenz eines Weltalls mit einem für alle Wesen gültigen Raum aufgestiegen. Daß es einen solchen Raum nicht geben kann, geht schon aus der Tatsache hervor, daß jeder Mensch in drei Räumen lebt, die sich gegenseitig durchdringen, vervollständigen, aber auch zum Teil widersprechen.

## Der Wirkraum.

Wenn wir mit geschlossenen Augen unsere Gliedmaßen frei bewegen, so sind uns diese Bewegungen sowohl ihren Richtungen wie ihren Ausmaßen nach genau bekannt. Wir ziehen mit unserer Hand Wege in einen Raum, den man als Spielraum unserer Bewegungen oder kurz als unseren *Wirkraum* bezeichnet. Alle diese Wege durchmessen wir in kleinsten Schritten, die wir als *Richtungsschritte* bezeichnen wollen, weil uns die Richtung eines jeden Schrittes durch eine Richtungsempfindung oder *Richtungszeichen* genau bekannt ist. Und zwar unterscheiden wir sechs Richtungen, die paarweise einander entgegengesetzt sind: nach rechts und links, nach oben und unten, nach vorn und hinten.

Eingehende Versuche haben ergeben, daß die kürzesten von uns ausführbaren Schritte, gemessen am Zeigefinger des ausgestreckten Armes, ca. 2 cm betragen. Diese Schritte geben, wie man sieht, kein sehr genaues Maß für den Raum, in dem sie ausgeführt werden. Von dieser Ungenauigkeit kann sich jeder leicht überzeugen, wenn er versucht, bei geschlossenen Augen die beiden Zeigefinger seiner Hände aneinanderstoßen zu lassen. Er würde sich davon überzeugen, daß dies meist mißlingt und sie bis zu 2 cm Entfernung aneinander vorbeigleiten.

Von größter Bedeutung für uns ist es, daß wir die einmal ausgeführten Wege sehr leicht im Gedächtnis behalten, was uns das Schreiben im Dunkeln ermöglicht. Man nennt diese Fähigkeit „Kinaestesie", womit nichts Neues gesagt ist.

Nun ist aber der Wirkraum nicht bloß ein aus tausend sich kreuzenden Richtungsschritten aufgebauter Bewegungsraum, sondern besitzt ein ihn beherrschendes System von senkrecht aufeinandergestellten Ebenen, das allbekannte Koordinatensystem, das allen Raumbestimmungen als Grundlage dient.

Es ist von grundsätzlicher Wichtigkeit, daß jeder, der sich mit dem Raumproblem befaßt, sich von dieser Tatsache überzeugt. Nichts ist einfacher als dies. Man braucht nur bei geschlossenen Augen mit der senkrecht zur Stirn gestellten Handfläche hin und her zu fahren, um mit Sicherheit feststellen zu können, wo die Grenze zwischen Rechts und Links gelegen ist. Diese Grenze fällt nahezu mit der Medianebene des Körpers zusammen. Wenn man mit der horizontal gestellten Handfläche vor dem Gesicht auf und ab fährt, kann man ohne weiteres feststellen, wo die Grenze zwischen oben und unten gelegen ist. Diese Grenze befindet sich bei den meisten Menschen in Augenhöhe. Doch gibt es eine große Anzahl von Leuten, die diese Grenze in der Höhe der Oberlippe ansetzen. Am meisten wechselt die Grenze zwischen vorn und hinten, die man mit der frontal gestellten Handfläche durch Hin- und Herfahren seitlich des Kopfes ermittelt. Eine große Anzahl von Personen geben diese Ebene in der Gegend des Ohreinganges an, andere bezeichnen den Jochbogen als Grenzebene, und schließlich wird die Ebene auch vor die Nasenspitze verlegt. Jeder normale Mensch trägt ein aus diesen drei Ebenen gebildetes Koordinatensystem, das mit seinem Kopf fest verbunden ist, mit sich herum (Abb. 4) und erteilt damit seinem Wirkraum den festen Rahmen, indem sich Richtungsschritte tummeln.

In das wechselnde Gewirr von Richtungsschritten, die als Bewegungselemente dem Wirkraum keine Festigkeit verleihen können, tragen die ruhenden Ebenen ein festes Gerüst hinein, das die Ordnung des Wirkraumes verbürgt.

Es ist das große Verdienst von Cyon gewesen, daß er die Dreidimensionalität unseres Raumes auf ein in unserem inneren Ohr gelegenes Sinnesorgan zurückgeführt hat — die sogenannten Bogengänge (Abb. 5), deren Lage ungefähr den drei Ebenen des Wirkraumes entspricht.

Dieser Zusammenhang ist durch zahlreiche Experimente so klar erwiesen, daß wir die Behauptung aufstellen können: Alle Tiere, die die drei Bogengänge besitzen, verfügen auch über einen dreidimensionalen Wirkraum.

Abb. 6 zeigt die Bogengänge eines Fisches. Daß diese von

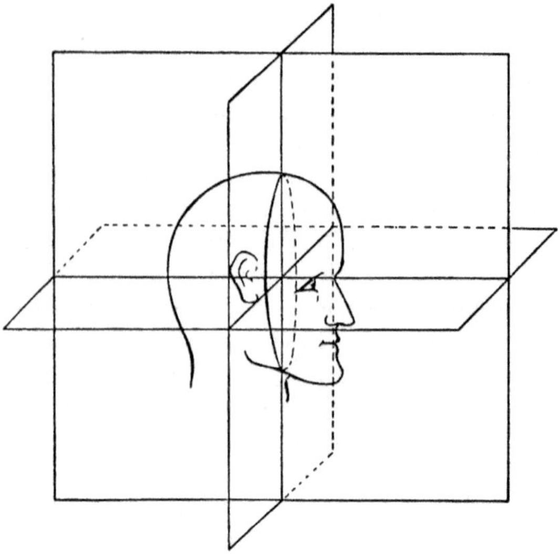

Abb. 4. Koordinatensystem des Menschen.

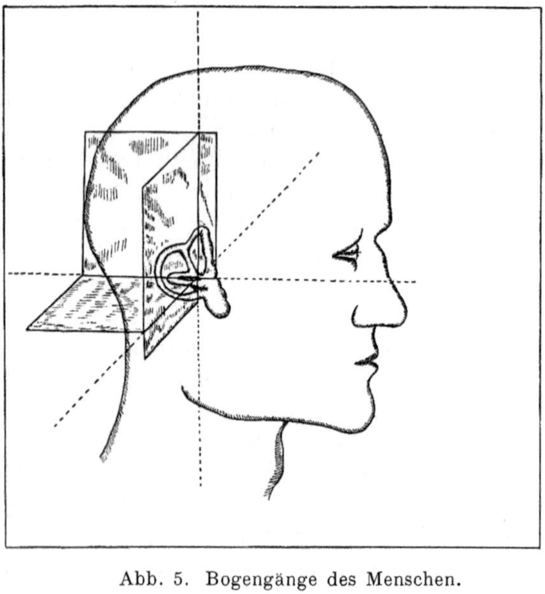

Abb. 5. Bogengänge des Menschen.

großer Bedeutung für das Tier sein müssen, ist augenscheinlich. Dafür spricht auch ihr innerer Bau, der ein Röhrensystem darstellt, indem sich eine Flüssigkeit unter nervöser Kontrolle in den drei Richtungen des Raumes bewegt. Die Flüssigkeitsbewegung spiegelt getreulich die Bewegungen des ganzen Körpers wieder. Das weist uns darauf hin, daß dem Organ außer der Aufgabe, die drei Ebenen in den Wirkraum zu verlegen, noch eine andere Bedeutung zukommt. Und zwar scheint es dazu berufen zu sein, die Rolle eines Kompasses zu spielen. Nicht eines Kompasses, der immer nur nach Norden weist, sondern eines Kompasses für die „Haustüre". Wenn alle Bewegungen des Gesamtkörpers in den Bogengängen nach drei Richtungen zerlegt und markiert werden, so muß sich das Tier, wenn es beim Herumlaufen die nervösen Markierungen wieder auf Null zurückgeführt hat, sich wieder an seinem Ausgangspunkt befinden.

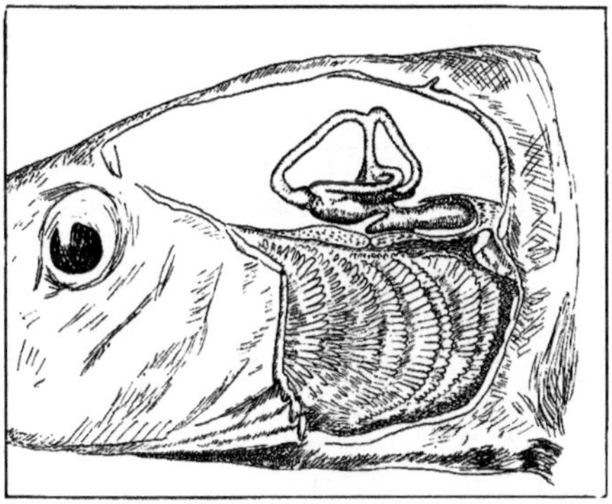

Abb. 6. Bogengänge des Fisches.

Daß ein Kompaß für die Haustüre für alle Tiere, die einen festen Standort besitzen, mag es ein Nistplatz oder ein Laichplatz sein, ein notwendiges Hilfsmittel sein muß, ist zweifellos. Die Festlegung der Haustüre durch optische Merkmale im Sehraum genügt in den meisten Fällen nicht, denn sie muß wiedergefunden werden, auch wenn sie ihr Aussehen verändert hat.

Die Fähigkeit, die Haustüre im reinen Wirkraum wiederzufinden, kann auch bei Insekten und Mollusken nachgewiesen werden, obgleich diese Tiere keine Bogengänge besitzen.

Ein sehr überzeugender Versuch ist folgender (Abb. 7). Ein Bienenstock wird, während die meisten Bienen ausgeflogen sind, um 2 m verschoben. Dann zeigt es sich, daß die Bienen sich an dem Ort in der freien Luft sammeln, an dem vorher das Ausflugloch — ihre Haustüre — sich befunden hat. Erst nach fünf Minuten stellen sich die Bienen um und fliegen dem Stock zu.

Man hat diese Versuche weitergeführt und gezeigt, daß Bienen, denen man die Fühler abgeschnitten hat, sofort dem verstellten Stock zufliegen. Das bedeutet, daß sie nur solange sie im Besitze ihrer Fühler sind, sich vornehmlich im Wirkraum orientieren. Ohne diese richten sie sich nach den

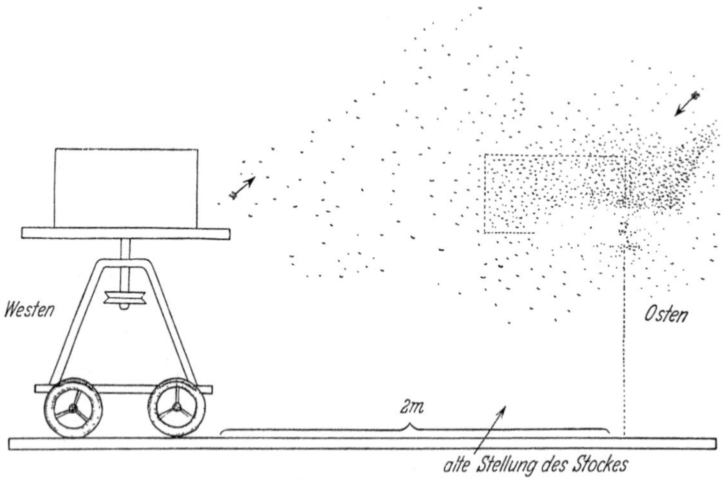


Abb. 7. Wirkraum der Biene.

optischen Eindrücken des Sehraumes. Es müssen also die Fühler der Biene irgendwie die Rolle des Kompasses der Haustüre im normalen Leben übernehmen, der ihnen sicherer den Rückweg anzeigt als die Gesichtseindrücke.

Noch auffallender ist die gleiche Heimfindung, die die Engländer „Homing" nennen, bei der Napfschnecke Patella (Abb. 8). Patella lebt innerhalb der Flut- und Ebbezone auf dem Felsgrunde. Die großen Exemplare haben sich mit ihrer harten Schale in den Felsen ein Bett eingekratzt, auf dem sie die Ebbezeit hart an den Fels gepreßt verbringen. Zur Zeit der Flut fangen sie an zu wandern und grasen das Felsgestein in ihrer Umgebung ab. Sobald die Ebbe eintritt, suchen sie

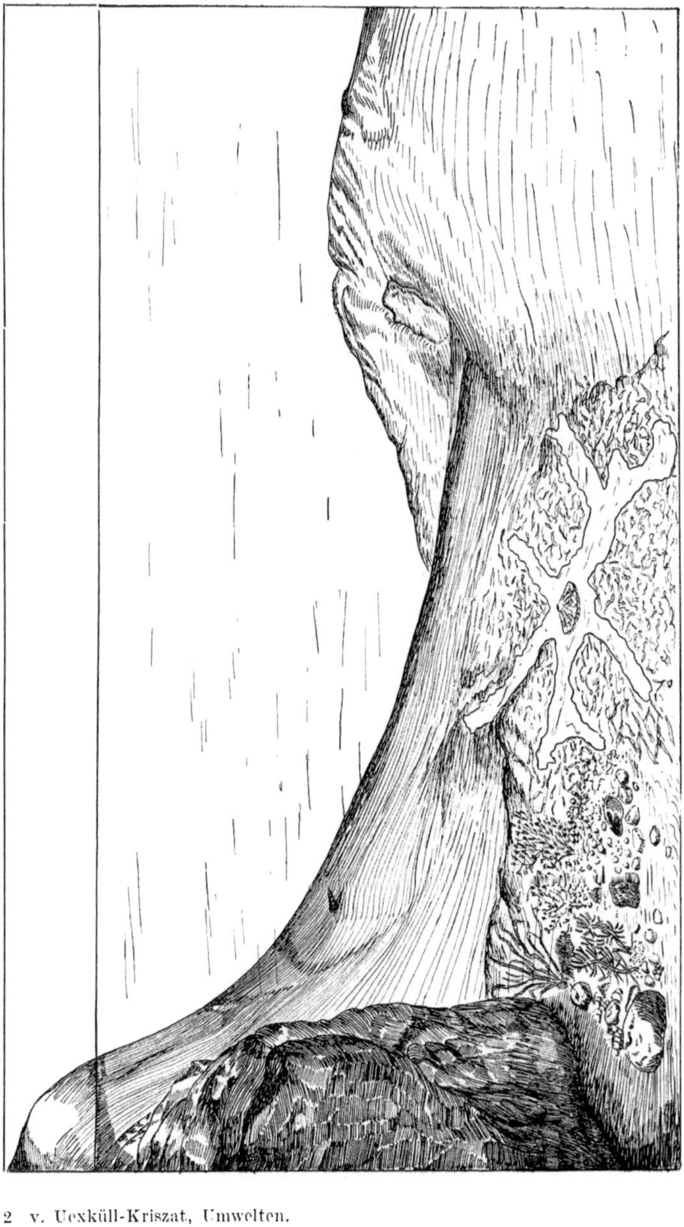

Abb. 8. Heimfindung der Napfschnecke.

ihr Bett wieder auf, nicht immer schlagen sie dabei den gleichen Weg ein. Die Augen der Patella sind so primitiv, daß die Schnecke mit ihrer Hilfe allein die Haustüre unmöglich wiederfinden könnte. Das Vorhandensein eines Geruchsmerkmals ist ebenso unwahrscheinlich wie das eines optischen Merkmals. So bleibt nur die Annahme eines Kompasses im Wirkraum übrig, von dem wir uns aber keine Vorstellung machen können.

## Der Tastraum.

Der elementare Baustein des Tastraumes ist keine Bewegungsgröße wie der Richtungsschritt, sondern eine feststehende, nämlich der *Ort*. Auch der Ort verdankt sein Dasein einem Merkzeichen des Subjektes und ist kein an den Stoff der Umgebung gebundenes Gebilde. Der Beweis hierfür wurde von Weber erbracht. Wenn man (Abb. 9) die Spitzen eines Zirkels, die über 1 cm voneinander entfernt sind, einer Versuchsperson auf den Nacken setzt, so werden beide deutlich voneinander unterschieden. Eine jede von ihnen befindet sich an einem anderen Ort. Führt man nun, ohne ihren Abstand zu ändern, beide Zirkelspitzen zum Rücken hinab, so nähern sie sich im Tastraum der Versuchsperson immer mehr, bis sie auf den gleichen Ort zu liegen kommen.

Daraus geht hervor, daß wir außer dem Merkzeichen der Tastempfindung auch Merkzeichen für die Ortsempfindung besitzen, die wir Lokalzeichen nennen. Jedes Lokalzeichen liefert, hinausverlegt, einen Ort im Tastraum. Die Bezirke unserer Haut, die das gleiche Lokalzeichen bei ihrer Berührung in uns auslösen, wechseln außerordentlich an Größe, je nach der Bedeutung, die die betreffende Hautstelle für das Tasten besitzt. Neben der Zungenspitze, die unsere Mundhöhle abtastet, besitzen die Fingerkuppen die kleinsten Bezirke und vermögen daher die meisten Orte zu unterscheiden. Wenn wir einen Gegenstand abtasten, erteilen wir seiner Oberfläche mit Hilfe unserer tastenden Finger ein feines Ortemosaik. Das Ortemosaik der Gegenstände der Orte eines

Tieres ist sowohl im Tastraum wie im Sehraum ein Geschenk des Subjektes an seine Umweltdinge, das in der Umgebung gar nicht vorhanden ist.

Beim Abtasten verbinden sich die Orte mit den Richtungsschritten und dienen beide der Gestaltgebung.

Der Tastraum spielt bei vielen Tieren eine ganz hervorragende Rolle. Ratten und Katzen bleiben in ihren Be-

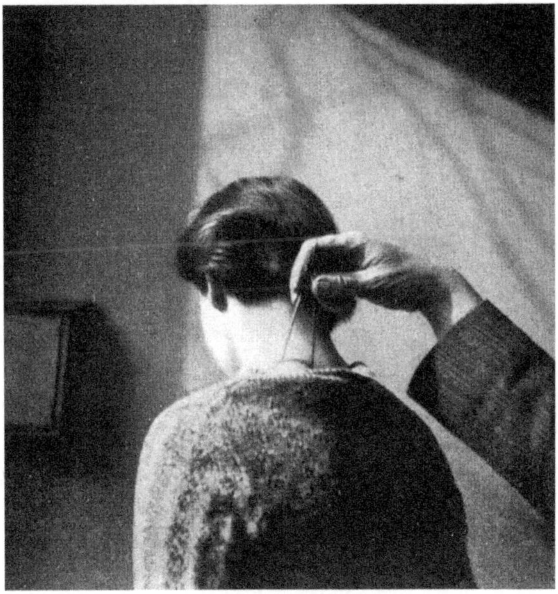

Abb. 9. Zirkelversuch von Weber.

wegungen ganz unbehindert, auch wenn sie das Augenlicht verloren haben — solange sie ihre Tasthaare besitzen. Alle Nachttiere und alle Höhlen bewohnenden Tiere leben vornehmlich im Tastraum, der eine Verschmelzung von Orten und Richtungsschritten darstellt.

## Der Sehraum.

Die augenlosen Tiere, die, wie die Zecke, eine lichtempfindliche Haut besitzen, werden voraussichtlich die gleichen Hautbezirke für die Erzeugung von Lokalzeichen sowohl für Lichtreize als für Tastreize besitzen. Sehorte und Tastorte fallen in ihrer Umwelt zusammen.

Erst bei den Augen tragenden Tieren fallen Sehraum und Tastraum deutlich auseinander. In der Netzhaut des Auges liegen die sehr kleinen Elementarbezirke — die Sehelemente — dicht beieinander. Einem jeden Sehelement entspricht ein Ort in der Umwelt, da es sich herausgestellt hat, daß jedem Sehelement ein Lokalzeichen zukommt.

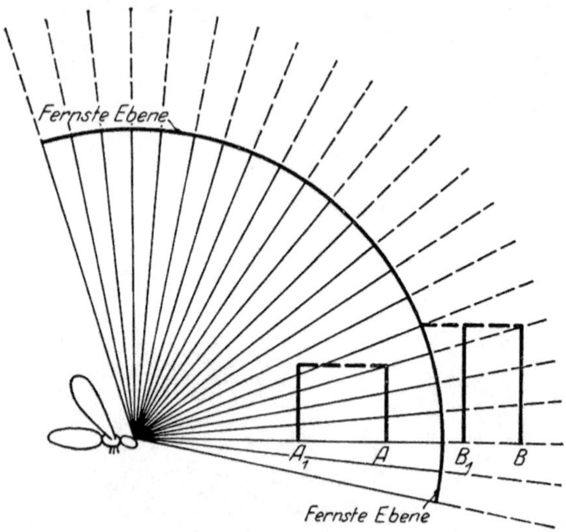


Abb. 10. Sehraum eines fliegenden Insekts.

Abb. 10 stellt den Sehraum eines fliegenden Insektes dar. Es ist leicht verständlich, daß infolge des kugeligen Baues des Auges der Bezirk der Außenwelt, der auf ein Sehelement trifft, sich mit zunehmender Entfernung vergrößert und immer umfassendere Teile der Außenwelt von einem Ort gedeckt werden. Infolgedessen werden alle Gegenstände, die sich vom Auge entfernen, kleiner und kleiner werden, bis sie innerhalb eines Ortes verschwinden. Denn der Ort stellt das kleinste Raumgefäß dar, innerhalb dessen es keine Unterschiede gibt.

Das Kleinerwerden der Gegenstände findet im Tastraum nicht statt. Und dies ist der Punkt, bei dem Sehraum und

Tastraum in Wettstreit geraten. Wenn man mit ausgestrecktem Arm eine Tasse ergreift und zum Munde führt, so wird sie im Sehraum größer, ändert aber im Tastraum ihre Größe nicht. In diesem Falle hat der Tastraum das Übergewicht, denn das Größerwerden der Tasse wird von einem unbefangenen Beobachter nicht bemerkt.

Wie die tastende Hand breitet auch das umherblickende Auge über alle Dinge der Umwelt ein feines Ortemosaik, dessen Feinheit von der Zahl der Sehelemente, die den gleichen Ausschnitt aus der Umgebung erfassen, abhängig ist.

Da die Zahl der Sehelemente bei den Augen der verschiedenen Tiere außerordentlich wechselt, muß auch das Ortemosaik ihrer Umwelt die gleichen Unterschiede zeigen. Je gröber das Ortemosaik, um so mehr gehen die Einzelheiten der Dinge verloren, und die Welt, durch ein Fliegenauge gesehen, muß erheblich vergröbert erscheinen, als durch ein Menschenauge betrachtet.

Da man jedes Bild durch Auflegen eines feinen Gitters in ein Ortemosaik verwandeln kann, bietet die Gittermethode uns die Möglichkeit, die Unterschiede des Ortemosaiks der verschiedenen Tieraugen zur Anschauung zu bringen.

Man braucht nur das gleiche Bild immer weiter zu verkleinern, mit dem gleichen Gitter versehen erneut zu photographieren und dann wieder zu vergrößern. Dann wird es sich in ein immer weiter vergröbertes Mosaik verwandeln. Da das mitphotographierte Gitter störend wirkt, haben wir die gröberen Mosaikbilder als Aquarell ohne Gitter wiedergegeben. Abb. 11 a—d sind mit der Gittermethode hergestellt. Sie bilden die Möglichkeit, eine Anschauung der Umwelt eines Tieres zu gewinnen, wenn man die Anzahl der Sehelemente seines Auges kennt. Abb. 11 c entspricht ungefähr dem Bilde, das das Auge der Stubenfliege liefert. Man wird leicht verstehen, daß in einer Umwelt, die so wenig Einzelheiten zeigt, die Fäden eines Spinnennetzes völlig verlorengehen müssen und wir sagen dürfen: Die Spinne webt ein Netz, das ihrem Beutetier völlig unsichtbar bleibt.

Die letzte Abbildung (11 d) entspricht ungefähr dem Bildeindruck eines Molluskenauges. Wie man sieht, enthält der

Abb. 11a. Dorfstraße photographiert.

Sehraum der Schnecken und Muscheln nur noch eine Anzahl von dunkeln und hellen Flächen.

Wie im Tastraum sind auch im Sehraum die Verbindungen von Ort zu Ort durch Richtungsschritte geschaffen. Wenn wir unter der Lupe, deren Aufgabe darin besteht, eine große An-

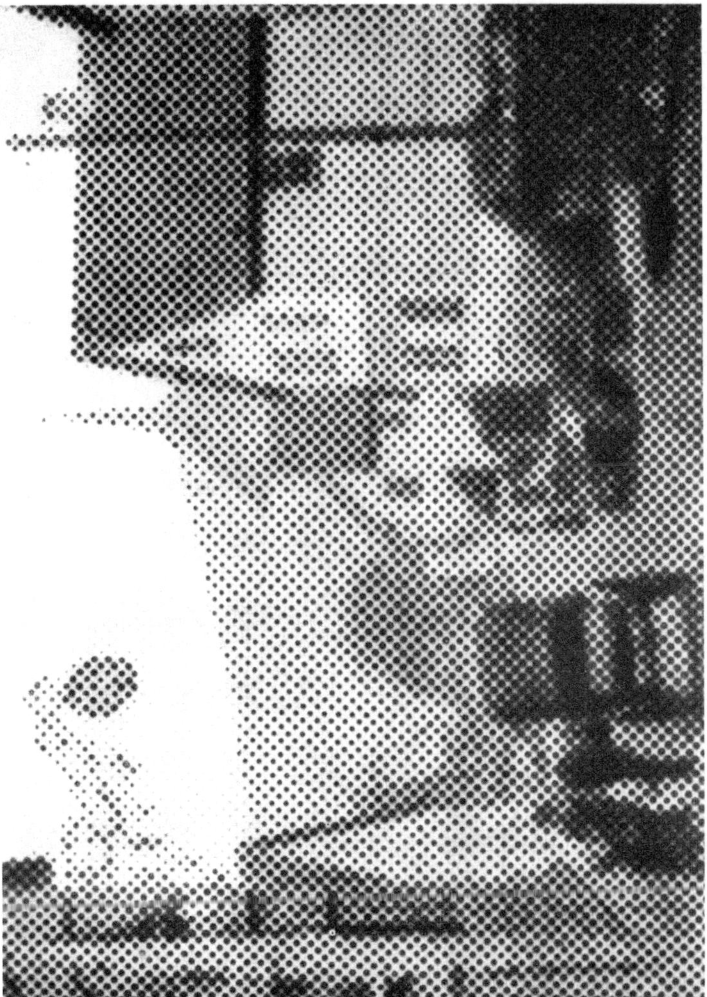

Abb. 11b. Dorfstraße durch ein Gitter aufgenommen.

zahl von Orten auf eine kleine Fläche zu vereinigen, einen Gegenstand präparieren, so können wir feststellen, daß nicht nur unser Auge, sondern auch unsere Hand, die die Präpariernadel führt, viel kürzere Richtungsschritte ausführt entsprechend den nahe aneinandergerückten Orten.

Abb. 11 c. Dieselbe Dorfstraße für ein Fliegenauge.

## Die fernste Ebene.

Im Gegensatz zum Wirkraum und Tastraum ist der Sehraum von einer undurchdringlichen Wand rings umschlossen, die wir den Horizont oder die fernste Ebene nennen.

Abb. 11d. Dorfstraße für ein Molluskenauge.

Sonne, Mond und Sterne wandern ohne jeden Tiefenabstand voneinander auf der gleichen fernsten Ebene, die alles Sichtbare umschließt. Die Lage der fernsten Ebene ist nicht unverrückbar festgelegt. Als ich nach einem schweren Typhus den ersten Gang ins Freie machte, hing die fernste

Abb. 12. Die fernste Ebene eines Kindes und eines Erwachsenen.

Ebene wie eine bunte Tapete in ca. 20 m Entfernung vor mir herab, auf der alle sichtbaren Dinge abgebildet waren. Jenseits der 20 m gab es keine ferneren und näheren Gegenstände, sondern nur kleinere und größere. Selbst die Wagen, die an mir vorüberfuhren, wurden, sobald sie die fernste

Ebene erreicht hatten, nicht mehr ferner, sondern nur kleiner.

Die Linse unseres Auges hat die gleiche Aufgabe wie die Linse einer photographischen Kamera — nämlich die vor dem Auge befindlichen Gegenstände scharf auf die Netzhaut — die der lichtempfindlichen Platte entspricht — einzustellen. Die Linse des menschlichen Auges ist elastisch und kann durch besondere Linsenmuskeln gekrümmt werden (was den gleichen Erfolg hat wie ein Heranschieben der Linse am Photoapparat).

Bei der Verkürzung der Linsenmuskeln treten Richtungszeichen für die Richtung von hinten nach vorne auf. Wenn

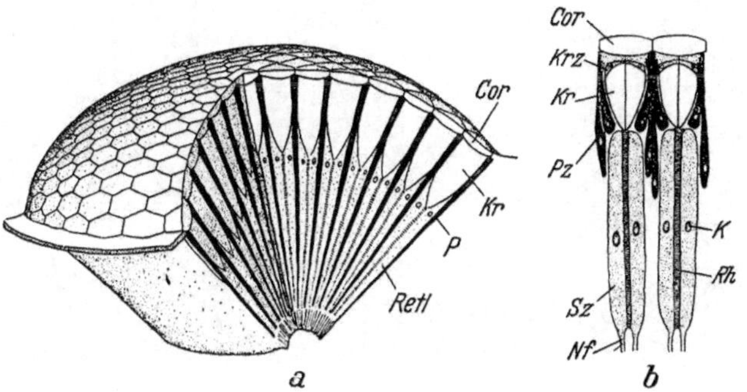


Abb. 13. Bau eines Komplexauges einer Fliege. Schematisch. *a*: Ganzes Auge, aus dem rechts ein Stück ausgeschnitten ist. (Nach Hesse.) *b*: 2 Ommatidien. *Cor* Chitincornea, *K* Kern, *Kr* Kristallkegel, *Krz* Kristallkegelzelle, *Nf* Nervenfaser, *P* Pigment, *Pz* Pigmentzellen, *Retl* Retinula, *Rh* Rhabdom, *Sz* Sehzelle.

die erschlaffenden Muskeln von der elastischen Linse gedehnt werden, treten Richtungszeichen auf, die die Richtung von vorne nach hinten angeben.

Sind die Muskeln völlig erschlafft, so ist das Auge auf die Entfernung von 10 m bis Unendlich eingestellt.

Innerhalb eines Umkreises von 10 m sind uns durch die Muskelbewegung die Dinge in unserer Umwelt als nah und fern bekannt. Außerhalb dieses Umkreises gibt es ursprünglich nur ein Größer- und Kleinerwerden von Gegenständen.

Hier endigt beim Säugling der Sehraum mit einer alles umschließenden fernsten Ebene. Erst nach und nach lernen wir es, mit Hilfe von Entfernungszeichen die fernste Ebene immer weiter hinauszuschieben, bis sie in einer Entfernung von 6—8 km auch beim Erwachsenen dem Sehraum ein Ende macht und der Horizont beginnt.

Den Unterschied des Sehraumes eines Kindes und eines Erwachsenen erläutert Abb. 12, die eine von Helmholtz mitgeteilte Erfahrung anschaulich wiedergibt. Er berichtet, daß er als kleiner Knabe an der Potsdamer Garnisonkirche

Abb. 14. Kronleuchter für den Menschen.

vorüberging, auf deren Galerie er einige Arbeiter bemerkte. Da bat er seine Mutter, sie möge ihm doch ein paar der kleinen Püppchen herunterholen. Kirche und Arbeiter lagen bereits in seiner fernsten Ebene und waren daher nicht fern, sondern klein. Er hatte daher allen Grund, anzunehmen, daß seine Mutter mit ihrem langen Arm die Püppchen von der Galerie herunterholen könne. Er wußte nicht, daß in der Umwelt seiner Mutter die Kirche ganz andere Dimensionen besaß und sich auf der Galerie nicht kleine, sondern entfernte Menschen befanden. Die Lage der fernsten Ebene ist in den Umwelten der Tiere schwer zu ergründen, weil es meist nicht leicht ist, experimentell festzustellen, wann ein in der Umgebung sich dem Subjekt nähernder Gegenstand in der Umwelt des Subjekts nicht bloß größer, sondern näher wird. Versuche beim Fangen von Stubenfliegen zeigen, daß die sich nähernde Hand des Menschen erst in ca. einem halben Meter Entfernung ihr Wegfliegen veranlaßt. Demnach dürfte man annehmen, daß die fernste Ebene in diesem Abstand zu suchen sei.

Aber andere Beobachtungen an der Stubenfliege machen es wahrscheinlich, daß in ihrer Umwelt die fernste Ebene noch andersartig in Erscheinung tritt. Es ist bekannt, daß Fliegen eine herabhängende Lampe oder einen Kronleuchter nicht

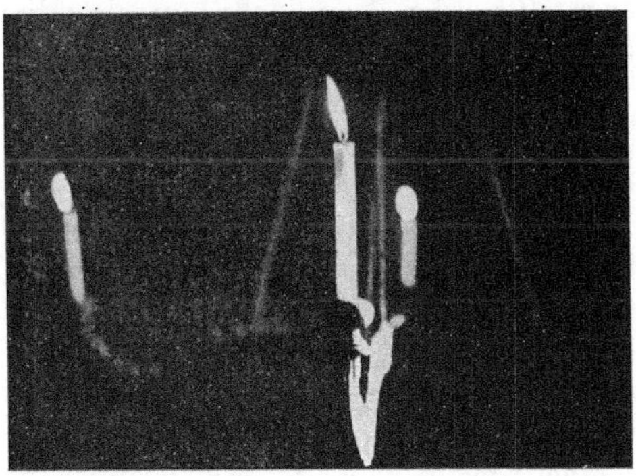

Abb. 15. Kronleuchter für die Fliege.

einfach umkreisen, sondern immer ruckweise den Flug unterbrechen, wenn sie sich einen halben Meter von ihm entfernt haben, um dann nahe an ihm vorbei oder unter ihm wegzufliegen. Sie benehmen sich dabei wie ein Bootsmann, der mit seinem Segelboot nicht außer Sicht einer Insel geraten will.

Nun ist (Abb. 13) das Auge einer Fliege so gebaut, daß seine Sehelemente (Rhabdome) lange nervöse Gebilde darstellen, die das von ihren Linsen entworfene Bild in wechselnder Tiefe auffangen müssen, entsprechend dem Abstand des gesehenen Gegenstandes. E x n e r hat die Vermutung ausgesprochen, daß es sich hier um einen Ersatz des muskulösen Linsenapparates unseres Auges handeln könnte.

Nimmt man an, daß der optische Apparat der Sehelemente wie eine Vorsatzlinse wirkt, so würde der Kronleuchter in einer bestimmten Entfernung verschwinden und dadurch die Rückkehr der Fliege veranlassen. Man vergleiche hierzu die beiden Abbildungen 14 und 15, die einen Kronleuchter ohne und mit Vorsatzlinse aufgenommen darstellen.

Ob die fernste Ebene in dieser oder einer anderen Weise den Sehraum abschließt — vorhanden ist sie immer. Deshalb dürfen wir uns alle Tiere, die die Natur um uns beleben, seien es Käfer, Schmetterlinge, Fliegen, Mücken und Libellen, die eine Wiese bevölkern, mit einer ringsum geschlossenen Seifenblase vorstellen, die ihren Sehraum abschließt und in der alles für das Subjekt Sichtbare beschlossen ist. Jede Seifenblase beherbergt andere Orte, und in jeder befinden sich auch die Richtungsebenen des Wirkraumes, die dem Raum ein festes Gerüst verleihen. Die Vögel, die umherflattern, die Eichhörnchen, die auf den Zweigen hin und her hüpfen, oder die Kühe, die auf der Wiese weiden, sie alle bleiben dauernd von ihrer den Raum abschließenden Seifenblase umgeben.

Erst wenn wir uns diese Tatsache lebhaft vor Augen führen, werden wir auch in unserer Welt die Seifenblase erkennen, die einen jeden von uns rings umschließt. Dann werden wir auch alle unsere Mitmenschen von Seifenblasen umgeben sehen, die sich reibungslos durchschneiden, weil sie aus subjektiven Merkzeichen aufgebaut sind. Einen von den Subjekten unabhängigen Raum gibt es gar nicht. Wenn wir doch an der Fiktion eines allumfassenden Weltraumes festhalten, so geschieht das bloß, weil wir mit Hilfe dieser konventionellen Fabel uns leichter miteinander verständigen können.

## Die Merkzeit.

K a r l  E r n s t  v o n  B a e r gebührt das Verdienst, die Zeit als ein Erzeugnis des Subjektes anschaulich gemacht zu haben. Die Zeit als Aufeinanderfolge von Momenten wechselt von Umwelt zu Umwelt, je nach der Anzahl von Momenten, welche die Subjekte in der gleichen Zeitspanne erleben. Die Momente sind die kleinsten unteilbaren Zeitgefäße, weil sie der Ausdruck von unteilbaren Elementarempfindungen, den sogenannten Momentzeichen, sind. Für den Menschen beträgt, wie bereits gesagt, die Dauer eines Momentes $^1/_{18}$ Sekunde. Und zwar ist der Moment für alle Sinnesgebiete der gleiche, weil alle Sinnesempfindungen von dem gleichen Momentzeichen begleitet werden.

Achtzehn Luftschwingungen werden nicht mehr unterschieden, sondern als ein einheitlicher Ton gehört.

Es hat sich gezeigt, daß der Mensch 18 Stöße, die seine Haut treffen, als gleichmäßigen Druck empfindet.

Die Kinematographie bietet uns die Möglichkeit, um Bewegungen der Außenwelt in dem uns gewohnten Tempo auf die Leinwand zu werfen. Dabei folgen sich die einzelnen Bilder in kleinen Rucken von $^1/_{18}$ Sekunden.

Wollen wir Bewegungen verfolgen, die für unser Auge zu schnell ablaufen, so bedienen wir uns der Zeitlupe.

Zeitlupe nennt man das Verfahren, eine größere Anzahl von Bildern in der Sekunde aufzunehmen, um sie dann im normalen Tempo vorzuführen. Dabei dehnen wir die Bewegungsvorgänge über eine längere Zeitspanne aus und gewinnen dadurch die Möglichkeit, Vorgänge, die für unser menschliches Zeittempo (von 18 in der Sekunde) zu schnell sind — wie der Flügelschlag der Vögel und Insekten —, anschaulich zu machen. Wie die Zeitlupe die Bewegungsvorgänge verlangsamt, so werden sie vom Zeitraffer beschleunigt. Wenn wir einen Vorgang alle Stunden einmal aufnehmen und dann im 18tel-Sekunden-Tempo vorführen, so drängen wir ihn auf eine kurze Spanne zusammen und gewinnen dadurch die Möglichkeit, Vorgänge, die für unser Tempo zu langsam sind, wie das Aufblühen einer Blume, in unsere Anschauung zu rücken.

Es erhebt sich die Frage, ob es Tiere gibt, deren Merkzeit kürzere oder längere Momente besitzt als unsere und in deren Umwelt infolgedessen die Bewegungsvorgänge langsamer oder schneller ablaufen als in der unseren.

Die ersten Versuche hat ein junger deutscher Forscher in dieser Richtung angestellt. Später hat er unter Mitarbeit eines anderen speziell die Reaktion des Kampffisches auf sein eigenes Spiegelbild benutzt. Der Kampffisch erkennt sein Spiegelbild nicht wieder, wenn es ihm achtzehnmal in der Sekunde gezeigt wird. Es muß ihm mindestens dreißigmal in der Sekunde vorgeführt werden.

Ein dritter Forscher dressierte die Kampffische darauf, nach ihrem Futter zu schnappen, wenn dahinter eine graue Scheibe gedreht wurde. Wenn dagegen eine Scheibe mit

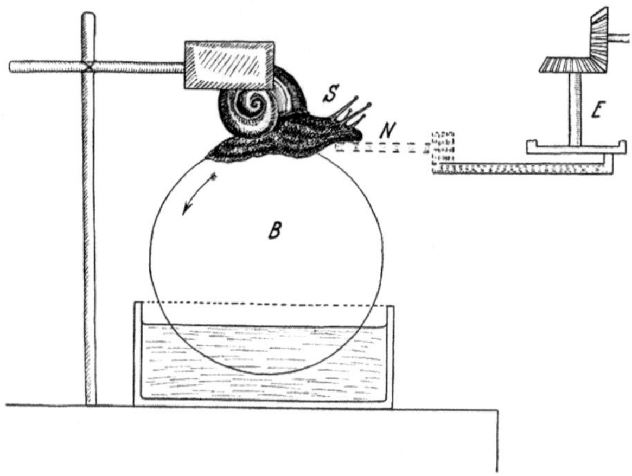


Abb. 16. Der Moment der Schnecke. $B$ = Ball, $E$ = Exzenter, $N$ = Stab, $S$ = Schnecke.

schwarzen und weißen Sektoren langsam bewegt wurde, so wirkte sie als „Warnungstafel", denn dann erhielten die Fische, wenn sie sich dem Futter näherten, einen leichten Schlag. Wurde nun die Sektorenscheibe immer schneller gedreht, so wurden bei einer bestimmten Geschwindigkeit die Reaktionen unsicherer, und bald darauf schlugen sie in das Gegenteil um. Das geschah erst, wenn die schwarzen Sektoren innerhalb $^1/_{50}$ Sekunde aufeinanderfolgten. Die schwarzweiße Warnungstafel war dann grau geworden.

Daraus geht mit Sicherheit hervor, daß bei diesen Fischen, die von schnell beweglicher Beute leben, alle Bewegungsvorgänge — wie bei der Zeitlupe — verlangsamt in ihrer Umwelt auftreten.

Ein Beispiel für die Zeitraffung gibt die Abb. 16, die der obenerwähnten Arbeit entnommen ist. Eine Weinbergschnecke wird auf einen Gummiball gesetzt, der, vom Wasser getragen, reibungslos unter ihr weggleiten kann. Die Schale der Schnecke wird durch eine Klammer festgehalten. Dadurch ist die Schnecke in ihren Kriechbewegungen ungestört und bleibt doch an der gleichen Stelle. Bringt man nun ein Stöckchen an ihre Sohle heran, so kriecht die Schnecke auf dasselbe hinauf. Erteilt man mit dem Stöckchen der Schnecke 1—3 Schläge in der Sekunde, so wendet sie sich ab. Werden aber die Schläge viermal und mehr in der Sekunde wiederholt, so beginnt sie das Stäbchen zu besteigen. In der Umwelt der Schnecke ist ein Stab, der viermal in der Sekunde hin und her schwingt, bereits zu einem ruhenden geworden. Daraus dürfen wir schließen, daß die Merkzeit der Schnecke in einem Tempo von 3—4 Momenten in der Sekunde abläuft. Das hat zur Folge, daß in der Umwelt der Schnecke alle Bewegungsvorgänge viel schneller ablaufen als in der unserigen. Auch die Eigenbewegungen der Schnecke werden für sie nicht langsamer ablaufen als die unserigen für uns.

## Die einfachen Umwelten.

Raum und Zeit sind von keinem unmittelbaren Nutzen für das Subjekt. Sie gewinnen erst dann Bedeutung, wenn zahlreiche Merkmale unterschieden werden müssen, die ohne das zeitliche und räumliche Gerüst der Umwelt zusammenfallen würden. Ein solches Gerüst ist aber bei ganz einfachen Umwelten, die ein einziges Merkmal beherbergen, nicht vonnöten.

Abb. 17 zeigt nebeneinander die Umgebung und die Umwelt des Pantoffeltierchens — Paramaecium. Es ist mit dichten Reihen von Wimpern bedeckt, durch deren Schlag es schnell durch das Wasser getrieben wird, wobei es sich dauernd um seine Längsachse dreht.

Von all den verschiedenen Dingen, die sich in seiner Umgebung befinden, nimmt seine Umwelt nur das ewig gleiche Merkmal auf, durch welche das Paramaecium, wenn es irgendwo irgendwie gereizt wird, zur Fluchtbewegung veranlaßt wird. Das gleiche Hindernismerkmal ruft stets die gleiche Fluchtbewegung hervor. Diese besteht in einer Rückwärtsbewegung mit darauffolgender seitlicher Abbiegung, worauf das Vorwärtsschwimmen wieder einsetzt. Dadurch wird das Hindernis in die Ferne gerückt. Man darf sagen, daß in diesem Falle das gleiche Merkmal stets durch das gleiche Wirkmal ausgelöscht wird. Erst wenn das Tierchen zu seinem Futter, den Fäulnisbakterien, gelangt, das allein von allen Umweltdingen keinen Reiz aussendet, kommt es zur Ruhe. Diese Tatsachen zeigen uns, wie die Natur es versteht, mit einem einzigen Funktionskreis das Leben planvoll zu gestalten.

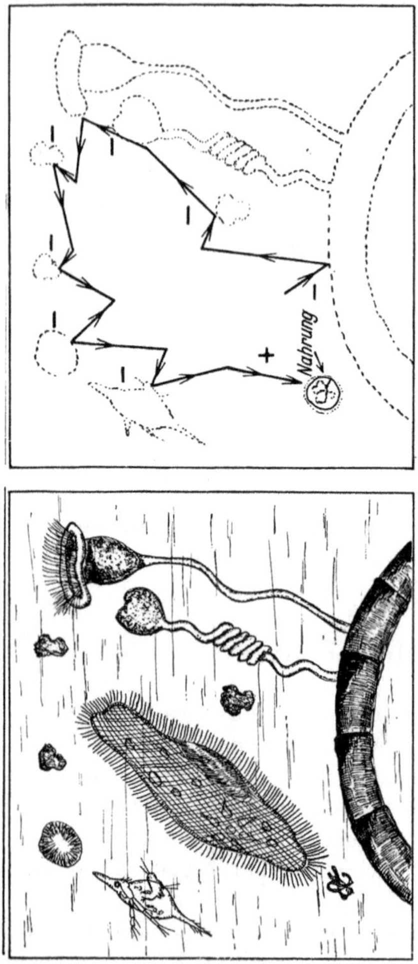


Abb. 17. Umgebung und Umwelt des Pantoffeltierchens.

Auch einige vielzellige Tiere, wie die Hochseemeduse,

Rhizostoma, vermögen mit einem einzigen Funktionskreis auszukommen. Hier besteht der ganze Organismus aus einem schwimmenden Pumpwerk, welches das mit feinem Plankton erfüllte Seewasser unfiltriert in sich aufnimmt und filtriert wieder ausstößt. Die einzige Lebensäußerung besteht im rhythmischen Auf- und Abschwingen des elastischen Gallertschirmes. Durch den ewig gleichen Schlag wird das Tier an der Oberfläche des Meeres schwimmend erhalten. Zugleich wird der häutige Magen abwechselnd erweitert und zusammengedrückt, wobei er das Seewasser aus feinen Poren aus und ein treibt. Der flüssige Mageninhalt wird durch weitverzweigte Verdauungskanäle getrieben, deren Wände die Nahrung und den mitgeführten Sauerstoff aufnehmen. Schwimmen, Fressen und Atmen werden durch die rhythmische Zusammenziehung der am Schirmrande befindlichen Muskeln ausgeführt. Um diese Bewegung sicher in Gang zu erhalten, sitzen am Schirmrand acht glockenförmig gebaute Organe (auf der Abb. 18 symbolisch dargestellt), deren Klöppel bei jedem Schlag auf ein Nervenpolster schlagen. Der dadurch erzeugte Reiz ruft den nächsten Schirmschlag hervor. So erteilt die Meduse sich selbst ihr Wirkmal, und dieses löst das gleiche Merkmal aus, das wiederum das gleiche Wirkmal hervorruft ad infinitum.

In der Umwelt der Meduse erklingt immer der gleiche Glockenschlag, der den Rhythmus des Lebens beherrscht. Alle anderen Reize sind ausgeschaltet.

Wo ein einziger Funktionskreis vorliegt, wie bei Rhizostoma, kann man von einem Reflextier reden, denn stets läuft der gleiche Reflex von jeder Glocke zum Muskelbande am Schirmrand. Man wird aber auch von Reflextieren reden dürfen, wenn noch andere Reflexbögen vorhanden sind, wie bei anderen Medusen, solange diese ganz selbständig bleiben. So gibt es Medusen, die Fangfäden besitzen, welche einen in sich geschlossenen Reflexbogen beherbergen. Auch besitzen viele Medusen einen beweglichen Mundstiel mit eigener Muskulatur, die an die Receptoren des Schirmrandes angeschlossen ist. Alle diese Reflexbögen arbeiten ganz unabhängig voneinander und werden nicht von einer Zentralstelle aus dirigiert.

Abb. 18. Hochseemeduse mit Randkörpern.

Wenn ein äußeres Organ einen vollständigen Reflexbogen beherbergt, so bezeichnet man es passend als „Reflexperson". Die Seeigel besitzen eine große Anzahl solcher Reflexpersonen, die ohne zentrale Leitung, jede für sich, ihre Reflexleistung erfüllen. Um den Gegensatz derart gebauter Tiere zu den höheren Tieren deutlich zu machen, habe ich den Satz geprägt: Wenn ein Hund läuft, so bewegt das Tier seine Beine, wenn ein Seeigel läuft, so bewegen die Beine das Tier.

Die Seeigel tragen, wie die Igel, eine große Anzahl von Stacheln, die jedoch zu selbständigen Reflexpersonen ausgebildet sind.

Außer den harten, spitzen Stacheln, die mit einem Kugelgelenk auf der Kalkschale sitzen und geeignet sind, einem jeden Reiz erzeugenden Gegenstand, der sich der Haut nähert, einen Lanzenwald entgegenzustrecken, sind zarte, lange, muskulöse Saugfüße vorhanden, die dem Klettern dienen. Ferner besitzen manche Seeigel vier Arten von Zangen (Putzzangen, Klappzangen, Schnappzangen und Giftzangen), jede zu einem anderen Gebrauch über die ganze Oberfläche zerstreut.

Obgleich manche Reflexpersonen gemeinsam handeln, arbeiten sie dennoch ganz unabhängig voneinander. So schlagen auf den gleichen chemischen Reiz, der vom Feinde des Seeigels, dem Seestern, ausgeht, die Stacheln auseinander, und statt ihrer springen die Giftzangen vor, die sich in die Saugfüße des Feindes verbeißen.

Man kann daher von einer „Reflexrepublik" sprechen, in der aber, trotz der völligen Unabhängigkeit aller Reflexpersonen, voller Burgfriede herrscht. Denn niemals werden die zarten Saugfüße von den bissigen Schnappzangen angefallen, die sonst jeden nahenden Gegenstand anpacken.

Dieser Burgfriede wird nicht von einer zentralen Stelle aus diktiert wie bei uns, wo auch die scharfen Zähne eine dauernde Gefahr für die Zunge bilden, die nur durch das Auftreten des Merkzeichens Schmerz im Zentralorgan vermieden wird. Denn der Schmerz hemmt die schmerzhervorrufende Handlung.

Bei der Reflexrepublik der Seeigel, die kein übergeordnetes Zentrum besitzt, muß der Burgfrieden auf andere

Weise gewahrt werden. Das geschieht durch die Anwesenheit eines Stoffes, des Autodermins. Das unverdünnte Autodermin lähmt die Receptoren der Reflexpersonen. Es ist in der ganzen Haut in so großer Verdünnung verbreitet, daß es bei Berührung der Haut mit einem fremden Gegenstand wirkungslos bleibt. Sobald aber zwei Hautstellen aufeinandertreffen, tritt seine Wirkung zutage und verhindert die Auslösung des Reflexes.

Eine Reflexrepublik, wie es jeder Seeigel ist, kann wohl in ihrer Umwelt zahlreiche Merkmale beherbergen, wenn sie aus zahlreichen Reflexpersonen besteht. Diese Merkmale müssen aber ganz isoliert bleiben, da alle Funktionskreise ganz isoliert voneinander arbeiten.

Selbst die Zecke, deren Lebensäußerungen, wie wir sahen, im wesentlichen aus drei Reflexen bestehen, stellt einen höheren Typus dar, weil die Funktionskreise sich nicht dieser isolierten Reflexbögen bedienen, sondern ein gemeinsames Merkorgan besitzen. Es besteht daher die Möglichkeit, daß in der Umwelt der Zecke das Beutetier, auch wenn es nur aus Buttersäurereiz, Tastreiz und Wärmereiz besteht, dennoch eine Einheit bilden kann.

Diese Möglichkeit besteht für den Seeigel nicht. Seine Merkmale, die sich aus abgestuften Druckreizen und chemischen Reizen zusammensetzen, bilden völlig isolierte Größen.

Manche Seeigel beantworten jede Verdunkelung des Horizontes mit einer Stachelbewegung, die sich, wie Abb. 19a und b zeigt, in gleicher Weise gegen eine Wolke, ein Schiff und gegen den wirklichen Feind, nämlich den Fisch, auswirkt. Nur ist die Darstellung der Umwelt noch nicht genügend vereinfacht. Es ist nicht die Rede davon, daß das Dunkelmerkmal vom Seeigel in den Raum hinausverlegt wird, da der Seeigel keinen Sehraum besitzt, sondern der Schatten nur wie ein leichtes Dahinfahren mit einem Wattebausch über die lichtempfindliche Haut sich auswirkt. Dies darzustellen war technisch unmöglich.

Abb. 19a. Umgebung des Seeigels.

Abb. 19b. Umwelt des Seeigels.

## Form und Bewegung als Merkmale.

Selbst wenn man für die Umwelt des Seeigels annehmen wollte, daß alle Merkmale der verschiedenen Reflexpersonen mit einem Lokalzeichen versehen werden und sich daher jedes an einem anderen Ort befindet —, so gäbe es doch keine Möglichkeit, diese Orte miteinander zu verbinden. Es müssen daher dieser Umwelt die Merkmale der Form und Bewegung, die den Zusammenschluß mehrerer Orte zur Voraussetzung haben, notwendigerweise fehlen — und das ist auch der Fall.

Form und Bewegung treten erst in höheren Merkwelten auf. Nun sind wir dank den Erfahrungen in unserer eigenen Umwelt gewöhnt, anzunehmen, daß die Form eines Gegenstandes das ursprünglich gegebene Merkmal ist und die Bewegung nur als Begleiterscheinung, als sekundäres Merkmal gelegentlich dazukommt. Das trifft aber für viele Umwelten der Tiere nicht zu. In ihnen sind nicht bloß ruhende Form und bewegte Form zwei durchaus voneinander unabhängige Merkmale, sondern es kann auch die Bewegung ohne Form als selbständiges Merkmal auftreten.

Abb. 20 zeigt die Dohle auf der Jagd nach Heuhüpfern. Die Dohle ist völlig unfähig, einen stillsitzenden Heuhüpfer zu sehen, und schnappt nur nach ihm, wenn er sich hüpfend bewegt. Hier werden wir zunächst vermuten, daß die Form des ruhenden Heuhüpfers der Dohle wohlbekannt ist, sie aber dieselbe infolge der sie überschneidenden Grashalme nicht als Einheit erkennen kann, wie auch wir aus Vexierbildern nur schwer eine bekannte Form herausfinden können. Erst beim Sprung löst sich die Form nach dieser Auffassung von den störenden Nebenbildern.

Aber nach weiteren Erfahrungen ist anzunehmen, daß die Dohle die Form des ruhenden Heuhüpfers überhaupt nicht kennt, sondern nur auf bewegte Form eingestellt ist. Dies würde das „Sichtotstellen" vieler Insekten erklären. Wenn ihre Ruheform in der Merkwelt des verfolgenden Feindes überhaupt nicht vorhanden ist, so fallen sie durch ihr „Totstellen" aus der Merkwelt des Feindes mit Sicherheit heraus und können nicht einmal durch Suchen gefunden werden.

Ich habe eine Fliegenangel gebaut, die aus einem Stäbchen besteht, an dem eine Erbse an einem feinen Faden hängt. Die Erbse ist mit Fliegenleim überzogen.

Läßt man vor einem besonnten Fensterbrett, auf dem sich viele Fliegen befinden, die Erbse durch einen leichten Schwung des Stäbchens hin und her fliegen, so wird sich immer eine Anzahl von Fliegen auf die Erbse stürzen und zum Teil an ihr kleben bleiben. Nachträglich kann man feststellen, daß die gefangenen Fliegen Männchen sind.

Der ganze Vorgang stellt einen mißglückten Hochzeitsflug dar. Auch bei den um einen Kronleuchter kreisenden Fliegen handelt es sich um Männchen, die sich auf hindurchfliegende Weibchen stürzen.

Abb. 20. Dohle und Heuhüpfer.

Die schwingende Erbse ahmt täuschend das Merkmal des fliegenden Weibchens nach und wird in der Ruhe niemals für ein Weibchen gehalten, woraus man wohl noch schließen darf, daß ruhendes Weibchen und fliegendes Weibchen zwei verschiedene Merkmale sind.

Daß aber die Bewegung ohne Form als Merkmal auftreten kann, dafür liefert Abb. 21 den Beweis, die die Pilgermuschel in ihrer Umgebung und in ihrer Umwelt gegenüberstellt.

In der Umgebung der Muschel befindet sich in Sehweite ihrer hundert Augen ihr gefährlichster Feind, der Seestern Asterias. Solange der Seestern sich ruhig verhält, wirkt er gar nicht auf die Muschel. Seine charakteristische Form ist kein Merkmal für sie. Sobald er sich aber in Bewegung setzt, stößt sie als Antwort ihre langen Tentakel aus, die als Riech-

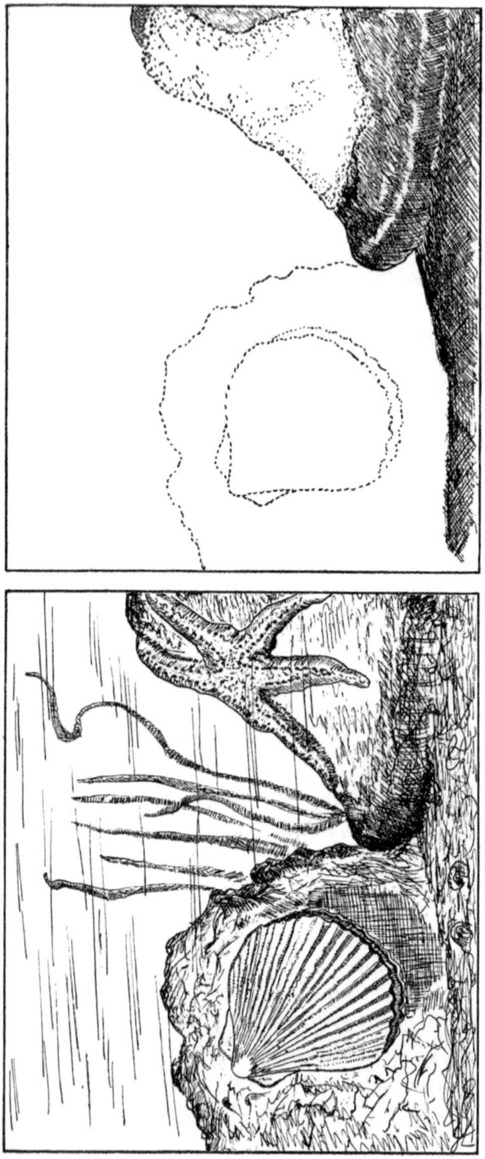

Abb. 21. Umgebung und Umwelt der Pilgermuschel.

organe dienen. Diese nähern sich dem Seestern und nehmen den neuen Reiz auf. Daraufhin erhebt sich die Muschel und schwimmt davon.

Versuche haben ergeben, daß es völlig gleichgültig ist, welche Form und Farbe ein bewegter Gegenstand besitzt. Er wird immer nur dann als Merkmal in der Umwelt der Muschel auftreten, wenn seine Bewegung so langsam ist wie die des Seesternes. Die Augen der Pilgermuschel sind weder auf Form noch auf Farbe eingestellt, sondern ausschließlich auf ein bestimmtes Bewegungstempo, das gerade dem ihres Feindes entspricht. Der Feind ist damit aber noch nicht genau umschrieben — erst muß ein Geruchsmerkmal hinzukommen, damit der 2. Funktionskreis einspringt, der die Muschel durch die Flucht aus der Nähe des Feindes bringt und durch dieses Wirkmal die Merkmale des Feindes endgültig auslöscht.

Lange Zeit hindurch hat man in der Umwelt des Regenwurmes das Vorhandensein eines Merkmales für die Form vermutet. Schon Darwin hat darauf hingewiesen, daß die Regenwürmer sowohl Blätter wie Kiefernadeln ihrer Form entsprechend behandeln (Abb. 22). Der Regenwurm zieht Blätter und Kiefernadeln in seine enge Höhle. Sie dienen ihm zugleich als Schutz und als Nahrung. Die meisten Blätter sperren sich, wenn man es versucht, sie mit dem Stiel voran in eine enge Röhre zu ziehen. Dagegen rollen sie sich leicht zusammen und bereiten keinen Widerstand, wenn man sie an der Spitze anfaßt. Die immer paarig abfallenden Kiefernadeln müssen dagegen nicht an der Spitze, sondern an der Basis gefaßt werden, wenn man sie ohne Schwierigkeit in eine enge Höhle ziehen will.

Aus der Tatsache, daß die Regenwürmer Blätter und Nadeln ohne weiteres richtig behandeln, hatte man geschlossen, daß die Form dieser Objekte, die in der Wirkwelt des Regenwurmes eine ausschlaggebende Rolle spielt, in der Merkwelt als Merkmal vorhanden sein müsse.

Diese Annahme hat sich als falsch erwiesen. Man konnte zeigen, daß die Regenwürmer kleine gleichförmige Stäbchen, die in Gelatine getaucht waren, ohne Unterschiede bald mit dem einen, bald mit dem anderen Ende in ihre Höhle zogen.

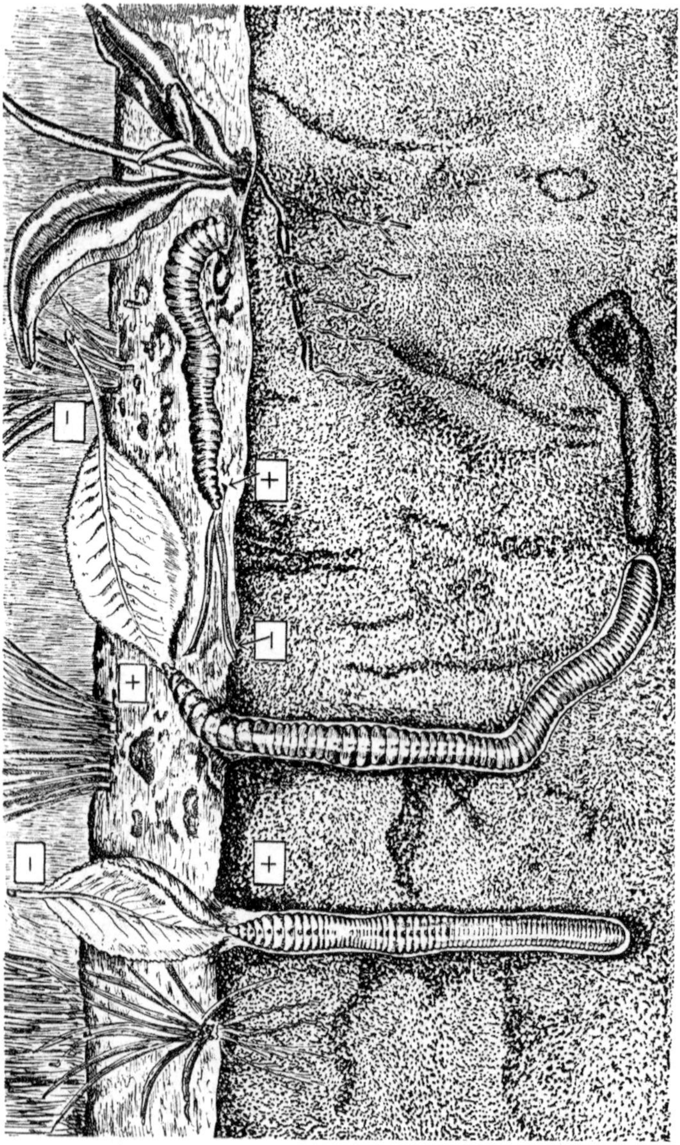


Abb. 22. Die Geschmacksunterscheidung der Regenwürmer.

Sobald man aber das eine Ende mit Pulver aus dem Spitzenteil eines getrockneten Kirschenblattes, das andere mit Pulver aus dem Basisteil bepudert hatte, unterschieden die Regenwürmer die beiden Enden des Stäbchens genau wie die Spitze und Basis des Blattes selbst.

Obgleich die Regenwürmer die Blätter ihrer Form gemäß behandeln, richten sie sich nicht nach der Form, sondern nach dem Geschmack der Blätter. Diese Einrichtung ist offenbar deswegen getroffen worden, weil die Merkorgane der Regenwürmer noch zu einfach gebaut sind, um Formmerkmale zu bilden. Dieses Beispiel zeigt uns, wie die Natur es versteht, Schwierigkeiten zu umgehen, die uns ganz unübersteiglich erscheinen.

Mit der Formwahrnehmung bei den Regenwürmern war es also nichts. Um so dringlicher erhob sich die Frage, bei welchen Tieren man zuerst auf die Form als Merkmal in der Umwelt rechnen darf?

Diese Frage ist später gelöst worden. Man konnte zeigen, daß die Bienen sich vorzugsweise auf Figuren niederlassen, die aufgelöste Formen, wie Sterne und Kreuze, aufweisen, dagegen geschlossene Formen, wie Kreise und Quadrate, meiden.

Abb. 23 zeigt eine daraufhin entworfene Gegenüberstellung der Umgebung und Umwelt einer Biene.

Wir sehen die Biene in ihrer Umgebung einer blühenden Wiese, auf der aufgeblühte Blumen wie Knospen miteinander abwechseln.

Setzt man die Biene in ihre Umwelt und verwandelt die Blüten entsprechend ihrer Form in Sterne oder Kreuze, so werden die Knospen die unaufgelöste Form von Kreisen annehmen.

Daraus geht ohne weiteres die biologische Bedeutung dieser neuentdeckten Eigenschaft der Bienen hervor. Nur die Blüten, nicht die Knospen haben für die Biene eine Bedeutung.

Die Bedeutungsbeziehungen sind aber, wie wir bereits an der Zecke sahen, die einzig sicheren Wegweiser bei der Erforschung der Umwelten. Ob die aufgelösten Formen physiologisch wirksamer sind, ist dabei völlig nebensächlich.

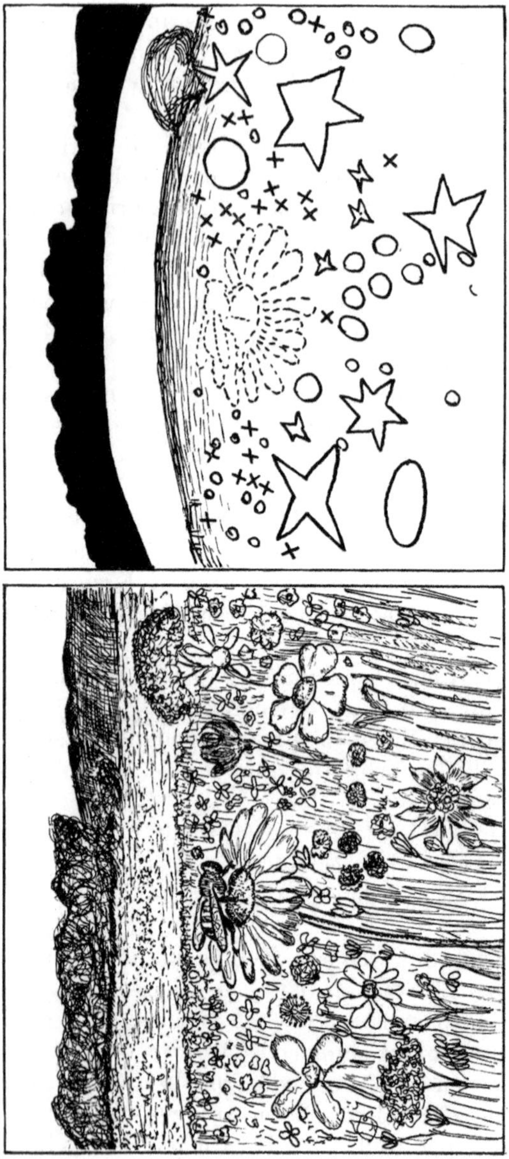

Abb. 23. Umgebung und Umwelt der Biene.

Das *Formproblem* ist durch diese Arbeiten auf eine einfachste Formel gebracht worden. Es genügt, anzunehmen, daß die Merkzellen für Lokalzeichen im Merkorgan in zwei Gruppen gegliedert sind, die einen nach dem Schema „aufgelöst", die anderen nach dem Schema „geschlossen". Weitere Unterscheidungen sind nicht vorhanden. Werden die Schemata hinausverlegt, so entstehen aus ihnen ganz allgemein gehaltene „Merkbilder", die, wie neue schöne Untersuchungen lehren, bei den Bienen mit Farben und Gerüchen angefüllt sind.

Weder der Regenwurm noch die Pilgermuschel noch die Zecke sind im Besitz derartiger Schemata. Sie ermangeln daher aller echter Merkbilder in ihrer Umwelt.

## Ziel und Plan.

Da wir Menschen es gewohnt sind, unser Dasein mühselig von Ziel zu Ziel weiterzuführen, sind wir davon überzeugt, daß die Tiere in gleicher Weise leben. Das ist ein Grundirrtum, der die bisherige Forschung immer wieder auf falsche Bahnen lenkt.

Zwar wird niemand einem Seeigel oder einem Regenwurm Ziele unterschieben. Aber bereits bei der Beschreibung des Lebens der Zecke haben wir davon gesprochen, daß sie ihrer Beute auflauert. Durch diesen Ausdruck haben wir bereits, wenn auch unwillkürlich, die kleinen menschlichen Alltagssorgen in das von einem reinen Naturplan beherrschte Zeckenleben hineingeschmuggelt.

Es muß daher unsere erste Sorge sein, das Irrlicht des Zieles bei der Betrachtung der Umwelten auszulöschen. Das kann nur dadurch geschehen, daß wir die Lebensäußerungen der Tiere unter dem Gesichtspunkte des Planes ordnen. Vielleicht erweisen sich später gewisse Handlungen der höchsten Säugetiere als Zielhandlungen, die selbst wieder dem gesamten Naturplan eingeordnet sind.

Bei allen anderen Tieren kommen auf ein Ziel gerichtete Handlungen überhaupt nicht vor. Um diesen Satz zu beweisen, wird es nötig sein, dem Leser einen Einblick in einige Umwelten zu gewähren, die keinen Zweifel aufkommen lassen.

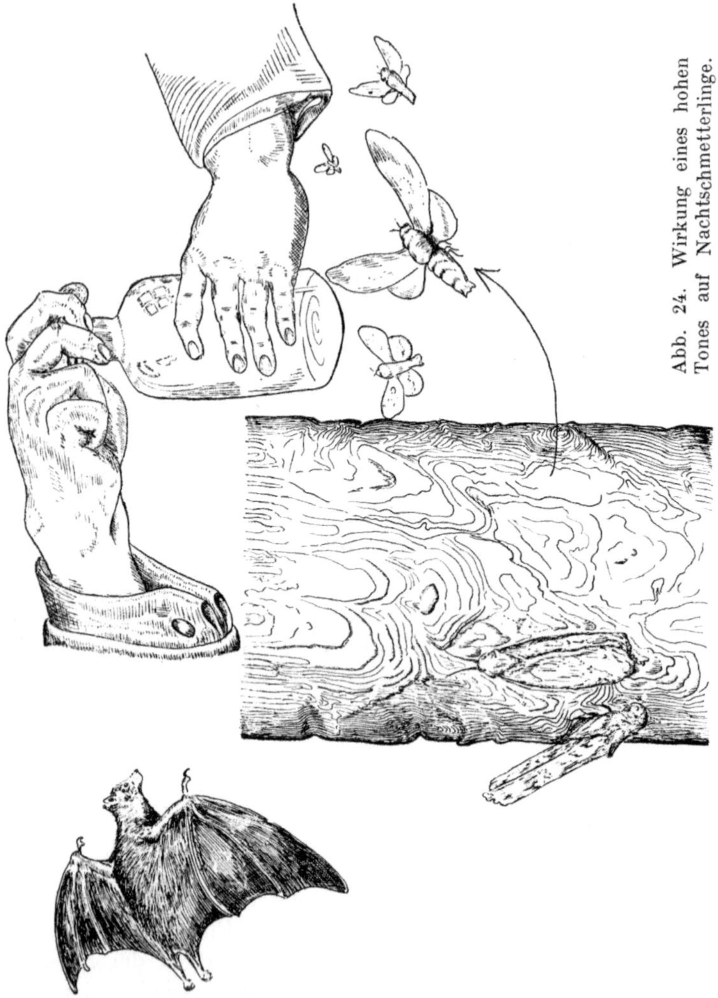

Abb. 24. Wirkung eines hohen Tones auf Nachtschmetterlinge.

Den freundlichen Auskünften, die ich über die Tonwahrnehmung bei Nachtschmetterlingen erhielt, verdankt die Abb. 24 ihre Entstehung. Wie in ihr angedeutet ist, ist es völlig gleichgültig, ob der Ton, auf den die Tiere eingestellt sind, die Lautäußerung einer Fledermaus ist oder durch das Reiben eines Glasstöpsels entsteht — die Wirkung ist immer die gleiche. Diejenigen Nachtfalter, die infolge ihrer hellen Färbung leicht sichtbar sind, fliegen auf den hohen Ton hin davon, während diejenigen Arten, die eine Schutzfärbung besitzen, sich auf den gleichen Ton hin niederlassen. Das gleiche Merkmal wirkt sich bei ihnen umgekehrt aus. Die hohe Planmäßigkeit der beiden entgegengesetzten Handlungsweisen springt in die Augen. Von einer Unterscheidung oder Zielsetzung kann nicht die Rede sein, da kein Schmetterling seine eigene Hautfarbe je erblickt hat. Die Bewunderung für die hier obwaltende Planmäßigkeit wird noch gesteigert, wenn wir erfahren, daß der kunstvolle mikroskopische Bau des Gehörorganes der Nachtfalter ausschließlich für diesen einen hohen Ton der Fledermaus da ist. Im übrigen sind diese Schmetterlinge völlig taub.

Der Gegensatz zwischen Ziel und Plan geht bereits aus einer schönen Beobachtung von Fabre hervor. Er setzte das Weibchen eines Nachtpfauenauges auf ein Blatt weißes Papier, auf dem das sitzende Weibchen eine Zeitlang Bewegungen mit seinem Hinterkörper ausführte. Danach setzte er das Weibchen unter eine Glasglocke neben das Blatt Papier. In der Nacht kamen ganze Scharen von Männchen dieser sehr seltenen Schmetterlingsart durch das Fenster hereingeflogen und drängten sich auf dem weißen Papier zusammen. Kein einziges Männchen beachtete das daneben unter der Glasglocke sitzende Weibchen. Welche Art physikalischer oder chemischer Wirkung von dem Papier ausging, hat Fabre nicht ermitteln können.

In dieser Hinsicht sind die Versuche, die man an Heuhüpfern und Grillen angestellt hat, aufschlußreicher. Abb. 25 ist eine Darstellung dieser Versuche. In einem Zimmer sitzt vor dem Mikrophon als Empfangsapparat ein lebhaft geigendes Exemplar. In einem Nebenzimmer sammeln sich vor einem zweiten Telephon die Geschlechtspartner und kümmern sich nicht im geringsten um ein unter der Glasglocke sitzendes Exemplar, das vergebens geigt, weil die Töne nicht her-

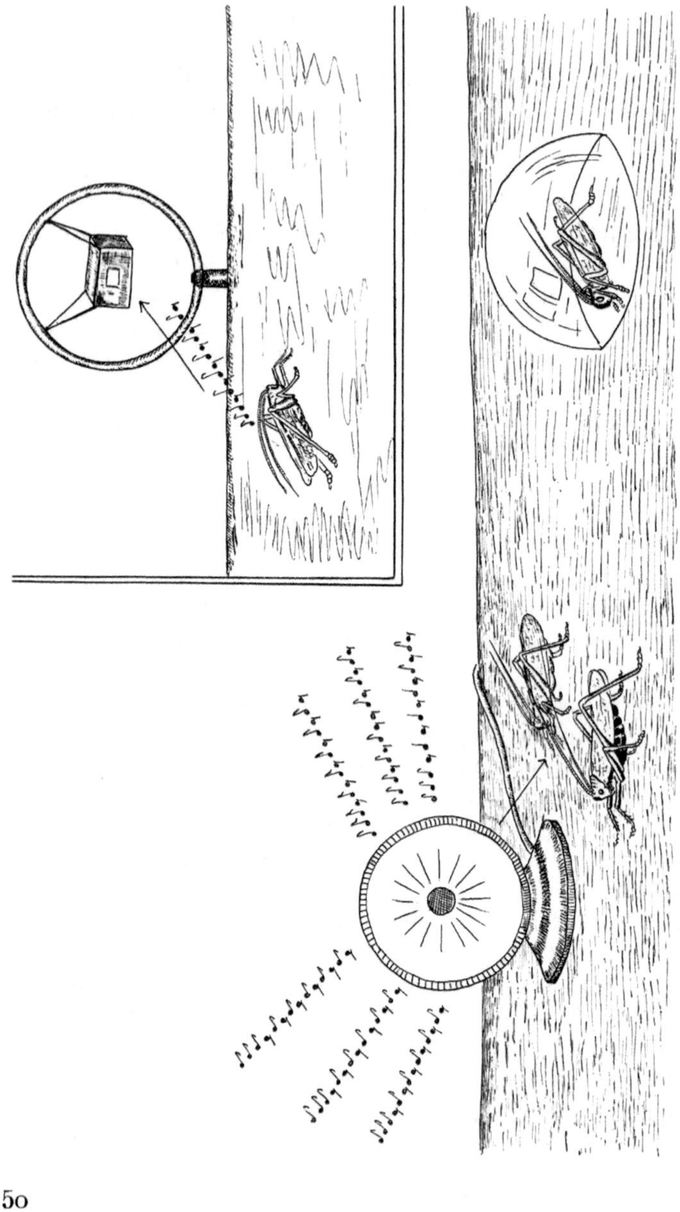

Abb. 25. Heuhüpfer vor dem Mikrophon.

vordringen können. Eine jede Annäherung der Partner bleibt so aus. Das optische Bild ist ohne jede Wirkung.

Beide Versuche zeigen das gleiche. Von der Verfolgung eines Zieles ist in keinem Fall die Rede. Das sonderbar anmutende Verhalten der Männchen erklärt sich aber ohne weiteres, wenn man es auf seine Planmäßigkeit hin untersucht. In beiden Fällen ist durch ein Merkmal ein Funktionskreis in Tätigkeit geraten, aber durch Ausschaltung des normalen Objektes kommt es nicht zur Erzeugung des richtigen Wirkmales, das zur Auslöschung des ersten Merkmals nötig wäre. Normalerweise müßte an dieser Stelle ein anderes Merkmal einspringen und den nächsten Funktionskreis auslösen. Welcherart dieses zweite Merkmal ist, muß in beiden Fällen näher untersucht werden. Jedenfalls ist es ein notwendiges Glied in der Kette der Funktionskreise, die der Begattung dienen.

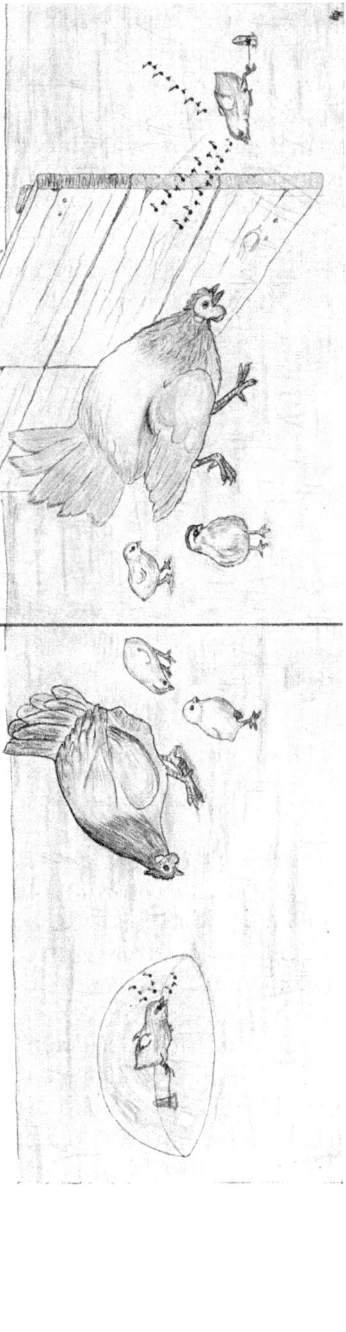

Abb. 26. Henne und Küken.

Nun gut, wird man sagen, für die Insekten ist die Zielhandlung aufzugeben. Sie werden unmittelbar vom Naturplan regiert, der ihre Merkmale festsetzt, wie wir das schon bei der Zecke gesehen haben. Aber, wer je auf einem Hühnerhof beobachtet hat, wie die Glucke ihren Küken zur Hilfe eilt, wird an dem Vorkommen echter Zielhandlungen nicht zweifeln können. Gerade über diesen Fall haben sehr schöne Versuche volle Gewißheit geschaffen.

Abb. 26 erläutert die dort gewonnenen Ergebnisse. Wenn man ein Küken an einem Fuß festbindet, so läßt es ein lautes

Abb. 27. Henne und schwarzes Küken.

Piepen ertönen, das sogleich die Glucke veranlaßt, mit gesträubten Federn dem Ton zu folgen, auch wenn das Küken unsichtbar ist. Sobald die Glucke das Küken erblickt, beginnt sie wütend auf einen imaginären Gegner loszupicken.

Setzt man aber das gefesselte Küken unter eine Glasglocke vor die Augen der Glucke, so daß sie es wohl sehen, sein Piepen aber nicht hören kann, so läßt sie sich durch seinen Anblick nicht im geringsten stören.

Auch hier handelt es sich nicht um eine Zielhandlung, sondern ebenfalls um eine unterbrochene Funktionskreiskette. Das Merkmal des Piepens geht normalerweise indirekt von nem Feinde aus, der das Küken angreift. Dies Merkmal ird planmäßig durch das Wirkmal der Schnabelhiebe, die en Feind verjagen, ausgelöscht. Das zappelnde, aber nicht iepende Küken ist gar kein Merkmal, das eine besondere ätigkeit auslöst. Es wäre auch durchaus unangebracht, weil ie Glucke gar nicht in der Lage ist, eine Schlinge zu lösen.

Noch sonderbarer und zielloser benahm sich die auf Abb. 27 iedergegebene Henne. Sie hatte mit einem Satz Eier einer eißen Hühnerrasse auch ein Ei ihrer eigenen schwarzen asse mit ausgebrütet. Gegen dies Küken, das ihr eigen leisch und Blut war, benahm sie sich durchaus widersinnig. uf das Piepen des schwarzen Kükens hin eilte sie wohl herei, wurde sie aber seiner unter den weißen Küken gewahr, ) hackte sie auf dasselbe los. Das akustische und das optische [erkmal des gleichen Objekts weckten in ihr zwei sich wider-)rechende Funktionskreise. Offenbar waren die beiden Merkıale des Kükens in der Umwelt der Henne nicht zu einer inheit verschmolzen.

## Merkbild und Wirkbild.

Die Gegenüberstellung von Ziel des Subjektes und Plan er Natur überhebt uns auch der Frage nach dem Instinkt, ıit dem niemand etwas Rechtes anfangen kann.

Benötigt die Eichel eines Instinktes, um eine Eiche zu erden, oder arbeitet eine Schar Knochenbildungszellen in-.inktmäßig, um einen Knochen zu formen? Wenn man das ɜrneint und statt des Instinktes einen Naturplan als ordnenen Faktor einsetzt, so wird man auch im Weben des Spinnenetzes oder im Nestbau der Vögel das Walten von Naturlänen erkennen, da in beiden Fällen von einem individuellen iel keine Rede ist.

Der Instinkt ist nur ein Verlegenheitserzeugnis, das heralten muß, wenn man die überindividuellen Naturpläne leuget. Und diese leugnet man, weil man sich von dem, was ein lan ist, keine rechte Vorstellung bilden kann, da er sicher eder ein Stoff noch eine Kraft ist.

Und doch ist es nicht schwierig, vom Plan eine Anschauung zu gewinnen, wenn man sich an ein anschauliches Beispiel hält.

Um einen Nagel in die Wand zu schlagen, genügt auch der schönste Plan nicht, wenn man keinen Hammer hat. Aber es genügt auch der schönste Hammer nicht, wenn man keinen Plan hat und sich auf den Zufall verläßt. Dann schlägt man sich auf die Finger.

Ohne Pläne, d. h. ohne die alles beherrschenden Ordnungsbedingungen der Natur gäbe es keine geordnete Natur, sondern nur ein Chaos. Jeder Kristall ist das Erzeugnis eines Naturplanes, und wenn die Physiker die schönen Bohrschen Atommodelle vorführen, so erläutern sie damit die von ihnen gesuchten Pläne der unbelebten Natur.

Nun kommt das Walten lebender Naturpläne beim Studium der Umwelten am deutlichsten zum Ausdruck. Ihnen nachzuspüren gehört zu den interessantesten Beschäftigungen. Deshalb wollen wir uns nicht beirren lassen und ruhig unseren Gang durch die Umwelten fortsetzen.

Die auf der Abb. 28 wiedergegebenen Vorgänge stellen eine Übersicht von Ergebnissen dar, die man aus den Studien am Einsiedlerkrebs gewonnen hat. Man hat nachgewiesen, daß der Einsiedlerkrebs ein äußerst einfaches Raumschema als Merkbild benötigt. Jeder Gegenstand von einer gewissen Größenordnung, der einen zylinder- bis kegelförmigen Umriß besitzt, kann für ihn von Bedeutung werden.

Wie aus den Abbildungen hervorgeht, wechselt der gleiche Gegenstand von Zylindergestalt — in diesem Falle eine Seerose — in der Umwelt des gleichen Krebses seine Bedeutung, je nach der Stimmung, in der sich der Krebs befindet.

Wir sehen stets den gleichen Krebs und die gleiche Seerose vor uns. Nur war der Krebs im ersten Fall der Seerosen, die er auf seiner Schneckenschale trug, beraubt worden. Im zweiten Falle hatte man ihm auch seine Schneckenschale genommen, und im dritten Falle hatte man einem Krebs, der Schale und Seerosen trug, längere Zeit hungern lassen. Dies genügt, um den Krebs in drei verschiedene Stimmungen zu versetzen.

Entsprechend den verschiedenen Stimmungen ändert die Rose ihre Bedeutung für den Krebs. Im ersten Falle, bei dem das Gehäuse des Krebses die schützende Hülle der Seerosen, die zur Abwehr der Tintenfische dient, entbehrt, gewinnt das Merkbild der Seerose einen „Schutzton". Das äußert sich in der Handlung des Krebses, der sie seinem Gehäuse aufpflanzt.

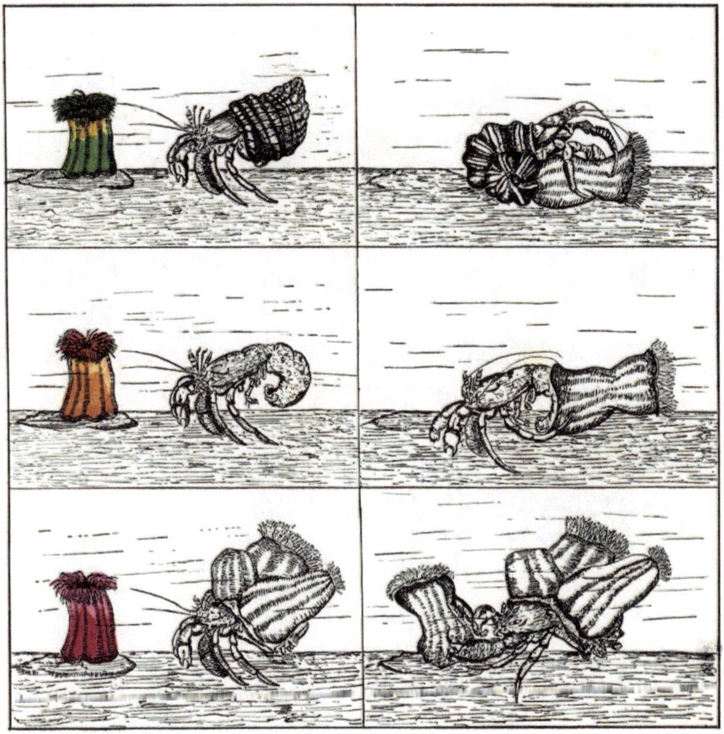

Abb. 28. Bedeutungswechsel der Seerose in der Umwelt des Einsiedlerkrebses.

Wird der gleiche Krebs seines Gehäuses beraubt, so gewinnt das Merkbild der Seerose einen „Wohnton", was sich darin äußert, daß der Krebs, wenn auch vergeblich, in sie hineinzukriechen sucht. Im dritten Fall des hungernden Krebses erhält das Merkbild der Seerose einen „Freßton", denn nun beginnt der Krebs sie anzufressen.

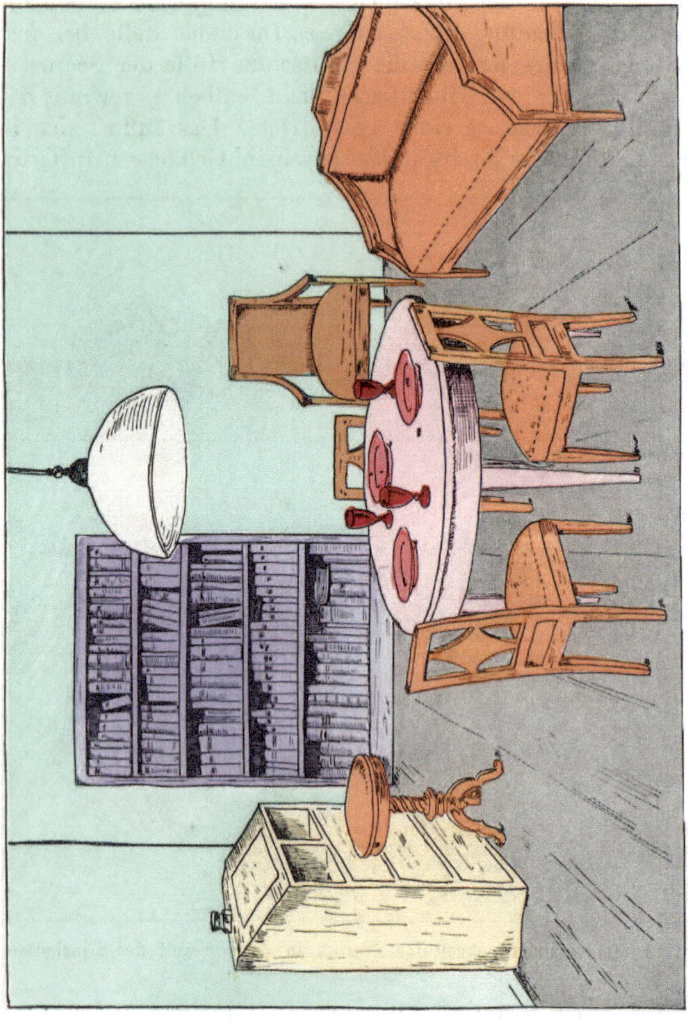

Abb. 29. Das Zimmer des Menschen.

Diese Erfahrungen sind deshalb so besonders wertvoll, weil sie zeigen, daß bereits in den Umwelten der Gliederfüßer das von den Sinnesorganen gelieferte Merkbild ergänzt und verändert werden kann durch ein von der darauf einsetzenden Handlung abhängiges „Wirkbild".

Abb. 30. Das Zimmer des Hundes.

Die Versuche zur Aufklärung dieses merkwürdigen Tatbestandes sind an Hunden ausgeführt worden. Die Fragestellung war sehr einfach und die Antworten der Hunde eindeutig. Ein Hund war darauf dressiert worden, auf den Befehl „Stuhl“ auf einen vor ihm stehenden Stuhl zu springen.

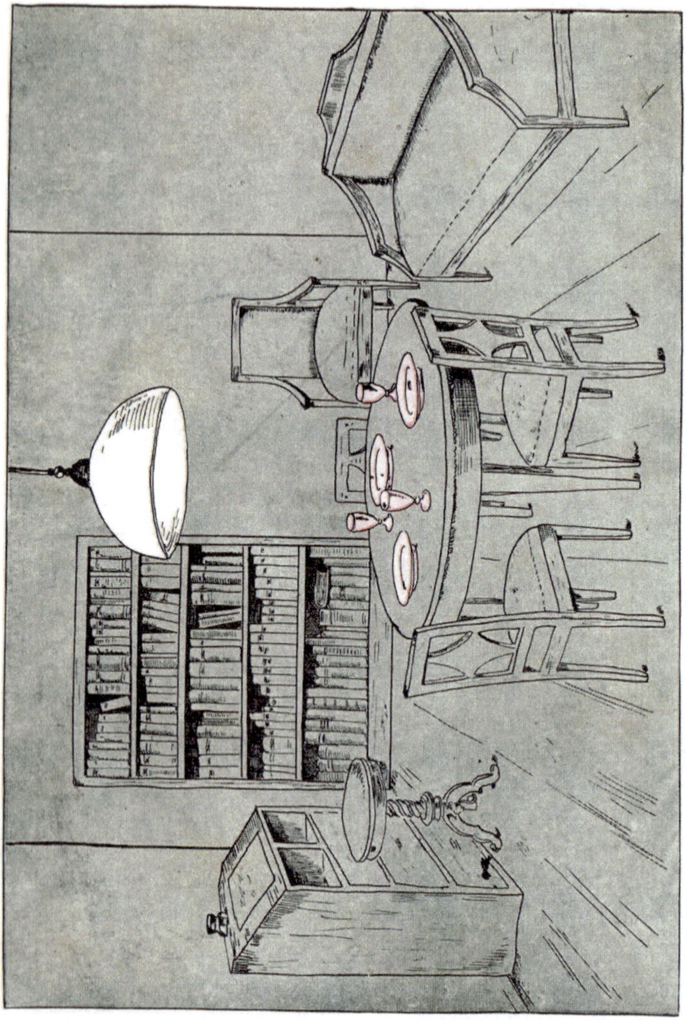

Abb. 31. Das Zimmer der Fliege.

Nun wurde der Stuhl fortgenommen und der Befehl wiederholt. Dabei stellte sich heraus, daß der Hund alle Gegenstände, mit denen er die gleiche Leistung des „Sitzens“ ausführen konnte, als Stuhl behandelte und aufsprang. Es erhielten, wie wir uns ausdrücken wollen, eine Reihe anderer

Gegenstände, wie Kisten, Etageren, umgekippte Schemel, einen „Sitzton", und zwar einen Hundesitzton und nicht einen Menschensitzton. Denn viele dieser Hundestühle waren durchaus keine geeigneten Sitzgelegenheiten für den Menschen.

Ebenso konnte man zeigen, daß auch „Tisch" und „Körbchen" einen speziellen Ton für den Hund erhielten, der durchaus von den an ihnen ausgeführten Leistungen des Hundes abhing.

Das Problem selbst kann aber nur beim Menschen in aller Schärfe herausgearbeitet werden. Wie machen wir es, um dem Stuhl das Sitzen, der Tasse das Trinken, der Leiter das Klettern anzusehen, was in keinem Falle sinnlich gegeben ist? Wir sehen allen Gegenständen, deren Benutzung wir erlernt haben, die Leistung, die wir mit ihnen ausüben, mit der gleichen Sicherheit an wie Form oder Farbe.

Ich hatte einen jungen, sehr intelligenten und gewandten Neger aus dem inneren Afrikas nach Daressalam mitgenommen. Das einzige, was ihm fehlte, war die Kenntnis europäischer Gebrauchsgegenstände. Als ich ihn aufforderte, eine kurze Leiter zu ersteigen, fragte er mich: „Wie soll ich das tun, ich sehe nur Stangen und Löcher?" Sobald ein anderer Neger ihm das Emporklettern vorgemacht hatte, konnte er es ohne weiteres nachmachen. Von nun an hatten für ihn die sinnlich gegebenen „Stangen und Löcher" einen Kletterton erhalten und wurden überall als Leiter erkannt. Das *Merkbild* der Stangen und Löcher war durch das Wirkbild der eigenen Leistung ergänzt worden, es hatte durch dieses eine neue Bedeutung erhalten, und diese äußerte sich wie eine neue Eigenschaft als Leistungston oder „Wirkton".

Wir werden durch diese Erfahrung an dem Neger darauf aufmerksam gemacht, daß wir für alle Leistungen, die wir an den Gegenständen unserer Umwelt vollziehen, ein Wirkbild ausgearbeitet haben, das wir zwangsläufig mit dem durch unsere Sinnesorgane gelieferten Merkbild so innig verschmelzen, daß sie hierdurch eine neue Eigenschaft erhalten, die uns ihre Bedeutung kundtut und die wir kurz als Wirkton bezeichnen wollen.

Der gleiche Gegenstand kann, wenn er verschiedenen Leistungen dient, mehrere Wirkbilder besitzen, die dann dem gleichen Merkbild einen anderen Ton verleihen. Ein Stuhl kann gelegentlich als Waffe benutzt werden und erhält dann ein anderes Wirkbild, das sich als „Prügelton" äußert. Auch in diesem sehr menschlichen Fall ist, wie beim Einsiedlerkrebs, die Stimmung des Subjektes ausschlaggebend dafür, welches Wirkbild dem Merkbild einen Ton verleiht. Wirkbilder wird man nur dann voraussetzen können, wo zentrale Wirkorgane vorhanden sind, die die Handlungen der Tiere beherrschen. Alle rein reflektorisch arbeitenden Tiere, wie der Seeigel, sind davon auszuschließen. Aber im übrigen reicht, wie der Einsiedlerkrebs beweist, ihr Einfluß weit in das Tierreich hinab.

Wenn wir die Wirkbilder zur Ausmalung der Umwelten uns ferner stehender Tiere ausnutzen wollen, so müssen wir uns stets vor Augen halten, daß sie die in die Umwelten projizierten Leistungen der Tiere sind, die den Merkbildern durch den Wirkton erst ihre Bedeutung verleihen. Zur Darstellung der lebenswichtigen Dinge in der Umwelt eines Tieres werden wir daher das von ihnen sinnlich gegebene Merkbild mit einem Wirkton versehen, um dessen Bedeutung voll zu erfassen. Selbst in den Fällen, wo von einem räumlich gegliederten Merkbild noch nicht die Rede ist, wie bei der Zecke, werden wir sagen dürfen, daß bei den drei Reizen, die der Zecke als allein bedeutungsvoll von ihrer Beute zugehen, die Bedeutung von den (mit den Reizen verbundenen) Wirktönen, des Herabfallens, des Umherlaufens und des Einbohrens, stammt. Gewiß spielt die auswählende Tätigkeit der Receptoren, die das Einfallstor der Reize darstellen, die führende Rolle, aber erst der Wirkton, der mit den Reizen verbunden wird, verleiht ihm die unfehlbare Sicherheit.

Da die Wirkbilder sich aus den leicht erkennbaren Leistungen der Tiere ableiten lassen, gewinnen die Dinge in der Umwelt eines fremden Subjektes in hohem Grade an Anschaulichkeit.

Wenn eine Libelle einem Ast zufliegt, um sich auf ihn zu setzen, so ist der Ast nicht bloß als Merkbild in ihrer Umwelt vorhanden, sondern ist auch durch einen Sitzton ausgezeichnet, der ihn vor allen anderen Ästen kenntlich macht.

Erst wenn wir die Wirktöne mit berücksichtigen, gewinnt die Umwelt die große Sicherheit für die Tiere, die wir an ihr bewundern. Wir werden sagen dürfen, soviel Leistungen ein Tier ausführen kann, soviel Gegenstände vermag es in seiner Umwelt zu unterscheiden. Besitzt es bei wenigen Leistungen wenig Wirkbilder, so besteht auch seine Umwelt aus wenigen Gegenständen. Sie ist hierdurch zwar ärmer, aber um so sicherer geworden. Denn innerhalb weniger Gegenstände ist es viel leichter, sich zurechtzufinden, als unter zahlreichen. Besäße Paramaecium ein Wirkbild seiner Leistung, so bestünde seine gesamte Umwelt aus lauter gleichartigen Gegenständen, die alle den gleichen Hinderniston trügen. Jedenfalls ließe eine solche Umwelt nichts an Sicherheit zu wünschen übrig.

Mit der Zahl der Leistungen eines Tieres wächst auch die Anzahl der Gegenstände, die seine Umwelt bevölkern. Sie erhöht sich im Lauf des individuellen Lebens eines jeden Tieres, das Erfahrungen zu sammeln vermag. Denn jede neue Erfahrung bedingt die Neueinstellung gegenüber neuen Eindrücken. Dabei werden neue Merkbilder mit neuen Wirktönen geschaffen.

Das ist besonders bei den Hunden zu beobachten, die mit gewissen menschlichen Gebrauchsgegenständen umzugehen lernen, indem sie sie zu Hundegebrauchsdingen machen.

Trotzdem bleibt die Anzahl der Hundegegenstände erheblich gegen die Anzahl unserer Gegenstände zurück.

Dies sollen die drei zusammengehörigen Abbildungen 29, 30, 31 deutlich machen. In ihnen ist stets das gleiche Zimmer dargestellt. Aber die in ihm befindlichen Gegenstände sind in verschiedenen Farben wiedergegeben, die der Anzahl der Wirktöne entsprechen, die erstens der Mensch, zweitens der Hund und drittens die Stubenfliege mit ihnen verbindet.

In der Umwelt des Menschen sind die Wirktöne der Gegenstände eines Zimmers beim Stuhl durch die Sitztönung (braun), beim Tisch durch die Speisetönung (hellrosa) und bei den Gläsern und Tellern durch weitere entsprechende Wirktönungen (rosa und rot = Eß- und Trinkton) dargestellt. Der Fußboden besitzt eine Gehtönung, während das Bücherregal (blau) eine Lesetönung und das Pult eine Schreibtönung (gelb) aufweist. Die Wand hat eine Hindernistönung (grün) und die Lampe einen Lichtton (weiß).

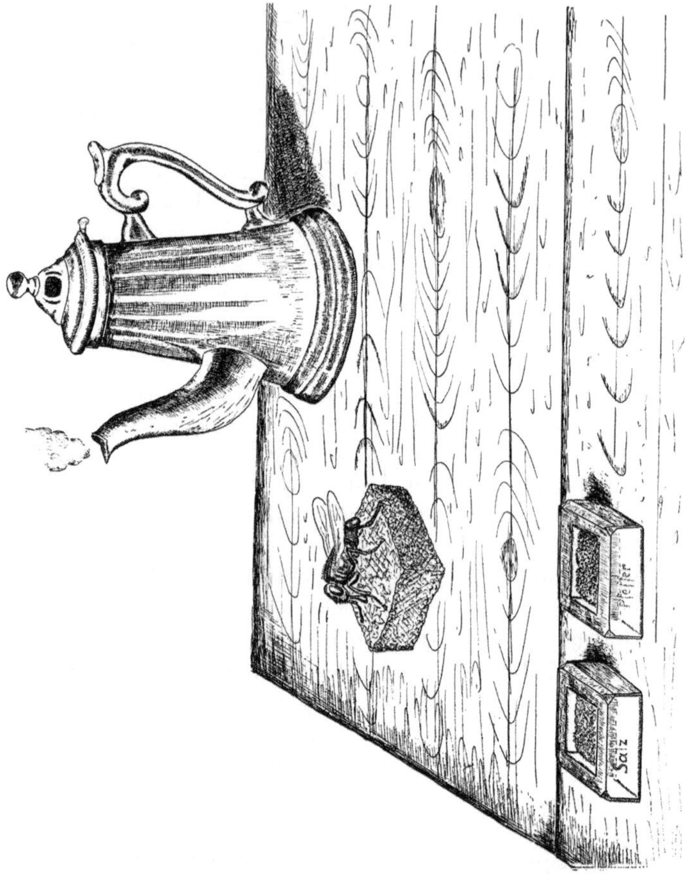

Abb. 32. Die Dinge in der Umwelt der Fliege.

In der Umwelt des Hundes sind die wiederkehrenden ähnlichen Wirktöne durch die gleichen Farben dargestellt. Es sind nur noch Eßtönung, Sitztönung usw. vorhanden. Alles übrige weist eine Hindernistönung auf. Auch der Drehstuhl hat wegen seiner Glätte für den Hund keinen Sitzton.

Schließlich sehen wir, wie für die Fliege alles nur einen Laufton erhält, bis auf die Lampe, auf deren Bedeutung schon hingewiesen wurde, und die Gegenstände auf dem Tisch.

Wie sicher die Fliege sich in der Umgebung unseres Zimmers zurechtfindet, wird durch die Abb. 32 näher erläutert. Sobald die Kanne mit heißem Kaffee auf den Tisch gestellt wird, sammeln sich die Fliegen, weil die Wärme einen Reiz für sie bildet. Die Tischplatte, die einen Laufton für sie hat, wird durchwandert. Und da die Fliegen an den Füßen Geschmacksorgane besitzen, deren Reizung das Hervorstoßen des Rüssels auslöst, werden sie von ihrer Nahrung festgehalten, während alle anderen Gegenstände ihr Weiterwandern veranlassen. Hier ist es besonders leicht, die Umwelt der Fliege aus ihrer Umgebung herauszuheben.

## Der bekannte Weg.

Am leichtesten wird man sich von der Verschiedenheit menschlicher Umwelten überzeugen, wenn man sich von einem Ortskundigen durch eine unbekannte Gegend führen läßt. Der Führer folgt mit Sicherheit einem Wege, den wir selbst nicht sehen. Unter all den zahlreichen Felsen und Bäumen der Umgebung gibt es in der Umwelt des Führers einzelne, die, nacheinander aufgereiht, sich als Wegmarken von allen anderen Felsen und Bäumen unterscheiden, obgleich sie durch keinerlei Zeichen für den Wegeunkundigen kenntlich gemacht sind.

Der bekannte Weg ist ganz allein vom einzelnen Subjekt abhängig und daher ein typisches Umweltproblem. Der bekannte Weg ist ein Raumproblem und bezieht sich zugleich auf den Sehraum wie den Wirkraum des Subjektes. Das geht unmittelbar aus der Art, wie man einen bekannten Weg beschreibt, hervor — etwa so: hinter dem roten Hause rechts abbiegen, dann hundert Schritte geradeaus und danach links weitergehen. Dreierlei Merkmale benutzen wir, um einen Weg zu beschreiben: 1. optische, 2. die Richtungsebenen des Koordinatensystems, 3. die Richtungsschritte. In diesem Falle benutzen wir nicht den elementaren Richtungsschritt, d. h. die kleinstmöglichste Bewegungseinheit, sondern die uns geläufige Zusammenfassung elementarer Impulse, die wir zur Ausführung eines Gehschrittes benötigen.

Der Gehschritt, wobei ein Bein gleichmäßig hin und her bewegt wird, ist beim einzelnen Menschen so festgelegt und bei vielen Menschen von annähernd der gleichen Länge, daß er bis in die Neuzeit als gemeinsames Längenmaß diente.

Wenn ich jemandem sage, er solle hundert Schritte gehen, so meine ich damit, daß er seinem Bein hundertmal den gleichen Bewegungsimpuls erteilen soll. Das Ergebnis wird annähernd stets die gleiche durchmessene Strecke sein.

Wenn wir eine bestimmte Strecke wiederholt durchschreiten, so bleiben uns die beim Gehen erteilten Impulse als Richtungszeichen im Gedächtnis, so daß wir unwillkürlich an der gleichen Stelle halten, auch wenn wir auf die optischen Merkmale gar nicht geachtet haben. Es spielen daher die Richtungszeichen eine hervorragende Rolle beim bekannten Weg.

Es wäre von großem Interesse, festzustellen, wie sich das Problem des bekannten Weges in den Umwelten der Tiere auswirkt. Sicher sprechen in den Umwelten verschiedener Tiere Geruchsmerkmale und Tastmerkmale beim Aufbau des bekannten Weges eine ausschlaggebende Rolle.

Jahrzehntelang haben zahlreiche amerikanische Forscher in Tausenden von Versuchsreihen, bei denen die verschiedensten Tiere sich in einem Irrgarten zurechtfinden mußten, festzustellen versucht, wie schnell ein jedes Tier einen bestimmten Weg erlernen kann. Das Problem des bekannten Weges, um das es sich hier handelt, haben sie nicht gesehen. Weder haben sie die Gesichts-, Tast- oder Geruchsmerkmale untersucht, noch haben sie sich über die Anwendung des Koordinatensystems durch das Tier Gedanken gemacht — daß Rechts und Links ein Problem für sich darstellt, ist ihnen nie aufgefallen. Auch die Frage der Schrittzahl haben sie nie erörtert, weil sie nicht sahen, daß auch bei den Tieren der Schritt als Maß der Entfernung dienen kann.

Kurz, das Problem des bekannten Weges muß trotz des ungeheuren Beobachtungsmaterials ganz von neuem in Angriff genommen werden. Die Auffindung des bekannten Weges in der Umwelt des Hundes hat neben ihrem theoretischen Interesse auch eine eminent praktische Bedeutung, sobald man sich davon Rechenschaft gibt, welche Aufgaben der Führhund der Blinden zu lösen hat.

Abb. 33. Blinder und Hund.

Abb. 33 zeigt einen Blinden, der von seinem Hunde geführt wird. Die Umwelt des Blinden ist eine sehr beschränkte; nur so weit er seinen Weg mit Füßen und Stock ertasten kann, ist er ihm bekannt. Die Straße, die er durchwandert, ist für ihn in Dunkelheit getaucht. Sein Hund aber soll ihn auf einem bestimmten Wege nach Hause führen. Die Schwierigkeit der Dressur liegt nun darin, in der Umwelt des Hundes bestimmte Merkmale einzuführen, die nicht in seinem, sondern im Interesse des Blinden liegen. So muß der Weg, den er den Blinden führt, an Hindernissen in einem Bogen herumgelegt werden, an die der Blinde anstoßen könnte. Besonders schwierig ist es, den Hunden ein Merkmal für einen Briefkasten oder ein offenes Fenster beizubringen, unter denen er sonst unbekümmert hindurchlaufen würde. Aber

Abb. 34. Der bekannte Weg der Dohle.

auch der Kantstein der Straße, über den der Blinde stolpern würde, ist schwer in die Hundeumwelt als Merkmal einzuführen, da er normalerweise vom frei laufenden Hunde kaum bemerkt wird.

Die Abb. 34 gibt eine Erfahrung an jungen Dohlen wieder. Wie man sieht, fliegt die Dohle um das ganze Haus herum, kehrt dann aber wieder um und benutzt den ihr bekannten Hinweg zum Rückflug, um an ihren Ausflugsort zurückzukehren, den sie, von der anderen Seite kommend, nicht wiedererkannt hat.

Neuerdings wissen wir, daß Ratten den gewohnten Umweg noch lange benutzten, auch wenn ihnen der direkte Weg offensteht.

Man hat nun das Problem des bekannten Weges an Kampffischen neu aufgegriffen und ist dabei zu folgenden Ergebnissen gelangt:

Man hat bei diesen Fischen vor allem festgestellt, daß das Unbekannte auf sie eine abstoßende Wirkung ausübt. In das Aquarium wurde eine Glasplatte gesenkt, die zwei runde Löcher aufwies, durch die die Fische leicht hindurchschlüpfen konnten.

Wenn man das Futter hinter dem Loch darreichte, so dauerte es eine ganze Zeit, bis der Fisch zögernd durch das Loch schlüpfte, um das Futter zu ergreifen. Nun wurde das Futter seitlich vom Loch gezeigt — der Fisch folgte bald nach. Schließlich wurde das Futter hinter das 2. Loch gehalten. Trotzdem schlüpfte der Fisch in allen Fällen durch das bekannte Loch und vermied es, das unbekannte Loch zu benutzen.

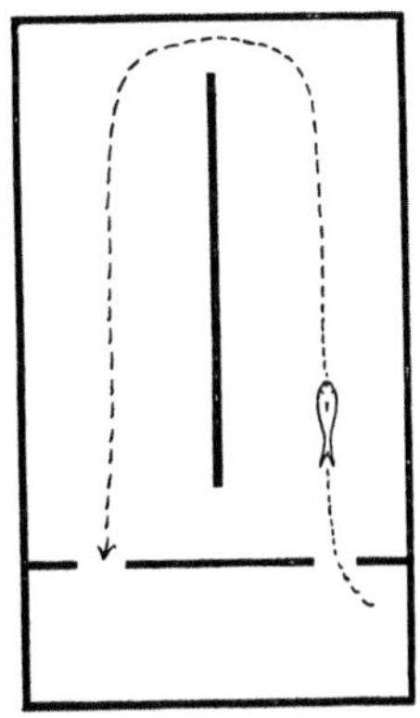

Abb. 35. Der bekannte Weg des Kampffisches

Nun baute man, wie es Abb. 35 zeigt, eine Scheidewand auf der Futterseite des Aquariums ein und lockte den Fisch mit dem Futter bis um die Scheidewand herum.

Wurde nun das Futter dem Fisch auf der abgelegenen Seite der Scheidewand gezeigt, so schwamm der Fisch ohne weiteres den bekannten Weg entlang, auch wenn die Scheidewand so gestellt war, daß er das Futter, vor der Scheidewand vorbeischwimmend, hätte erreichen können. Für den bekannten Weg kamen dabei optische und Richtungsmerkmale, eventuell auch Richtungsschritte in Frage.

Im ganzen kann man sagen, daß der bekannte Weg sich wie eine Strecke eines leichtflüssigen Mediums innerhalb einer zähflüssigen Masse auswirkt.

# Heim und Heimat.

In nahen Beziehungen zum bekannten Wege steht das Problem von Heim und Heimat.

Als Ausgangspunkt wählt man am besten die Versuche an Stichlingen. Das Männchen des Stichlings baut sich ein Nest, dessen Eingang gern durch einen bunten Faden bezeichnet wird — ein optisches Wegemerkmal für die Jungen? Im Nest wachsen unter der Obhut des Vaters die Jungen heran. Dies Nest ist sein Heim. Aber über das Nest hinaus reicht seine Heimat. Abb. 36 zeigt ein Aquarium, in dessen entgegengesetzten Ecken zwei Stichlinge ihre Nester gebaut haben. Eine unsichtbare Grenze zieht sich durch das Aquarium und trennt es in zwei Gebiete, die je einem Nest zugehören. Dies zum Nest gehörende Gebiet ist die Heimat des Stichlings, die er mit Energie und Erfolg auch gegen größere Stichlinge verteidigt. In seiner Heimat ist der Stichling stets Sieger.

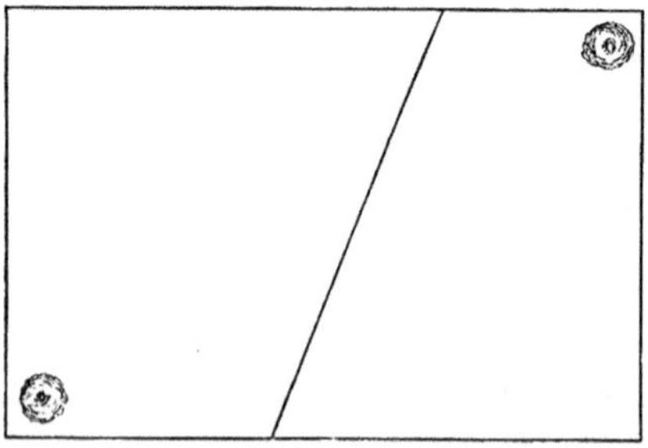

Abb. 36. Heim und Heimat des Stichlings.

Die Heimat ist ein reines Umweltproblem, weil sie ein ausschließlich subjektives Erzeugnis darstellt, für dessen Vorhandensein auch die genaueste Kenntnis der Umgebung nicht den mindesten Anhaltspunkt bietet.

Es fragt sich nun, welche Tiere besitzen eine Heimat und welche nicht? Eine Stubenfliege, die im wiederholten Hin- und Herflug einen bestimmten Raumabschnitt um den Kronleuchter bestreicht, besitzt deswegen noch keine Heimat.

Eine Spinne hingegen, die sich ein Nest baut, in dem sie sich dauernd betätigt, besitzt ein Heim, das zugleich ihre Heimat ist.

Das gleiche gilt für den Maulwurf (Abb. 37). Auch er hat sich sein Heim und seine Heimat erbaut. Ein regelmäßiges Höhlensystem breitet sich wie ein Spinnennetz unter der Erde aus. Aber nicht nur die einzelnen Gänge sind sein Herrschaftsgebiet, sondern das ganze von ihnen umfaßte Erdreich. In der Gefangenschaft legt er seine Gänge in der Weise an, daß sie einem Spinnennetz gleichen. Wir konnten nachweisen, daß der Maulwurf, dank seines hochentwickelten Geruchsorganes, nicht nur innerhalb des Ganges seine Nahrung ausgezeichnet findet, sondern daß er darüber hinaus in der festen Erde die Nahrungsobjekte auf eine Entfernung von

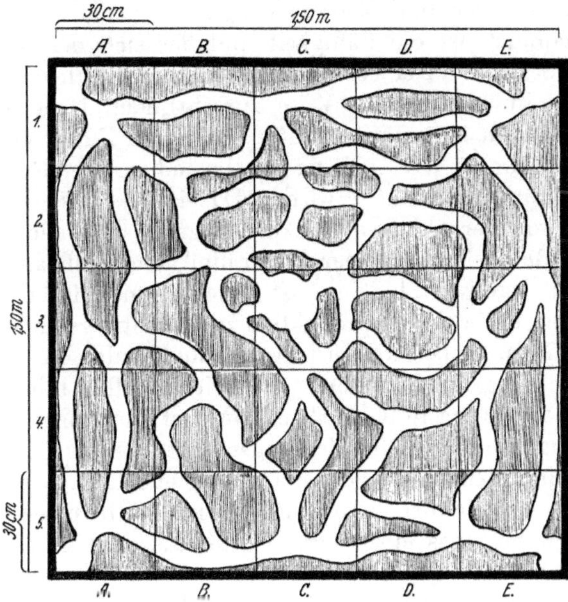

Abb. 37. Heim und Heimat des Maulwurfs.

ca. 5—6 cm riechen kann. Bei einem eng gezogenen Gangsystem, wie er es in der Gefangenschaft baut, würden auch noch die zwischen den Gängen liegenden Erdbezirke von den Sinnen des Maulwurfs beherrscht werden, während in der Natur, wo der Maulwurf seine Röhren weiter auseinanderzieht, das Erdreich in einem gewissen Radius um den Gang vom Tier noch geruchlich kontrolliert werden kann. Gleich einer Spinne durchläuft der Maulwurf mehrmals dieses Röhrennetz und sammelt alles an Beute auf, was sich dorthin verirrt hat. Inmitten dieses Röhrensystems baut sich der Maulwurf eine mit trockenen Blättern ausgepolsterte Höhle — sein eigentliches Heim, in dem er seine Ruhestunden verbringt. Die Gänge unter der Erde sind alles bekannte Wege für ihn, die er mit der gleichen Geschwindigkeit und Geschicklichkeit sowohl vorwärts wie rückwärts durchlaufen kann. So weit die Gänge reichen, reicht sein Beutefeld, das zugleich seine Heimat ist, die er gegen jeden Nachbarmaulwurf auf Leben und Tod verteidigt.

Erstaunlich ist die Fähigkeit, mit der sich der Maulwurf als blindes Tier in einem für uns vollkommen gleichmäßigen Medium in unfehlbarer Weise zurechtfindet. Dressiert man ihn auf einen bestimmten Platz, wo er sein Futter erhält, so findet er diesen Ort auch nach vollständiger Zerstörung der zu ihm führenden Gänge wieder. Dabei ist es ausgeschlossen, daß er von geruchlichen Merkmalen geleitet werden kann.

Sein Raum ist ein reiner Wirkraum. Man muß annehmen, daß der Maulwurf befähigt ist, einen einmal durchlaufenen Weg mit Hilfe der Reproduktion der Richtungsschritte wiederzufinden. Dabei werden die Tastmerkmale, die sich mit den Richtungsschritten verbinden, wie bei allen blinden Tieren, eine wichtige Rolle spielen. Man darf annehmen, daß sich Richtungsmerkmale und Richtungsschritte als Grundlage eines räumlichen Schemas vereinigen. Wird sein Gangsystem oder Teile davon zerstört, so vermag er mit Hilfe eines hinausverlegten Schemas ein neues System, das dem alten gleicht, herzustellen.

Die Bienen bauen sich auch ein Heim, aber das Gebiet rings um den Stock, in dem sie ihre Nahrung suchen, ist zwar ihr Beutefeld, aber nicht eine Heimat, die man gegen fremde Eindringlinge verteidigt. Hingegen wird man bei den Elstern von Heim und Heimat reden dürfen, denn sie bauen ihr Nest innerhalb eines Gebietes, in dem sie keine freien Elstern dulden.

Wahrscheinlich wird man bei sehr vielen Tieren die Erfahrung machen, daß sie ihr Beutefeld gegen ihresgleichen verteidigen und es dadurch zur Heimat machen. Ein beliebiger Landstrich wird, wenn man in ihn die Heimatsgebiete einzeichnen wollte, für jede Tierart einer politischen Karte gleichen, deren Grenzziehung durch Angriff und Verteidigung festgelegt wird. Auch wird es sich in vielen Fällen herausstellen, daß gar kein freies Land mehr vorhanden ist, sondern überall Heimat an Heimat stößt.

Sehr merkwürdig ist die Beobachtung, daß sich zwischen dem Nest vieler Raubvögel und ihrem Beutefeld eine neutrale Zone einschmiegt, in der sie überhaupt keine Beute schlagen. Die Ornithologen vermuten wohl mit Recht, daß diese Glie-

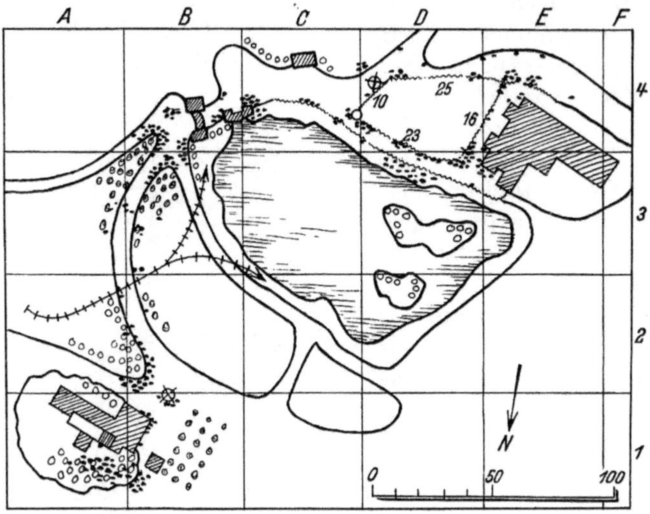


Abb. 38. Karte des Zoologischen Gartens.

derung der Umwelt von der Natur getroffen worden ist, um die Raubvögel daran zu hindern, ihre eigene Brut zu schlagen. Wenn, wie man sich ausdrückt, der Nestling zum Ästling geworden ist und in der Nähe des elterlichen Nestes, von Ast zu Ast springend, seine Tage verbringt, käme er leicht in Gefahr, von den eigenen Eltern irrtümlich geschlagen zu werden. So verbringt er seine Tage ungefährdet in der neutralen Zone des Schongebietes. Das Schongebiet wird von vielen Singvögeln als Nest- und Brutstätte aufgesucht, wo sie ungefährdet im Schutz des großen Räubers ihre Jungen aufziehen können.

Eine besondere Beachtung verdient die Art und Weise, wie die Hunde ihre Heimat ihren Artgenossen gegenüber kenntlich machen. Abb. 38 stellt die Karte des Zoologischen Gartens in Hamburg dar mit den Wegen, auf denen die Stellen angegeben sind, wo auf täglichen Spaziergängen zwei täglich ausgeführte Rüden urinierten.

Es waren immer die auch für das menschliche Auge besonders kenntlichen Orte, die sie mit ihren Duftmarken belegten. Wenn beide Hunde zugleich ausgeführt wurden, trat regelmäßig ein Wetturinieren ein.

Ein temperamentvoller Hund zeigt immer die Neigung, sobald ihm ein fremder Hund begegnet, sogleich den nächsten in die Augen fallenden Gegenstand mit seiner Visitenkarte zu versehen. Auch

Abb. 39. Bär bezeichnet sein Heim.

wird er, wenn er in die durch Duftmarken eines anderen Hundes kenntlich gemachte Heimat eines anderen Hundes eindringt, diese fremden Marken nacheinander aufsuchen und sorgfältig überpinseln. Ein temperamentloser Hund hingegen wird in der Heimat des fremden Hundes scheu an dessen Duftmarken vorübergehen und seine Anwesenheit durch kein Duftzeichen verraten.

Das Markieren der Heimat ist, wie Abb. 39 zeigt, auch bei den großen Bären Nordamerikas üblich. Der Bär reibt, in seiner ganzen Höhe aufrecht stehend, mit Rücken und Schnauze die Rinde einer einzeln stehenden, weithin sichtbaren Kiefer ab. Dies wirkt als Signal für andere Bären, die Kiefer in weitem Bogen zu umgehen und das ganze Gebiet zu meiden, wo ein Bär von solchen Ausmaßen seine Heimat verteidigt.

## Der Kumpan.

Lebhaft in Erinnerung steht mir das Bild eines ruppigen Entleins, das gemeinsam mit Putenküken ausgebrütet worden war und sich der Putenfamilie so eng angeschlossen hatte, daß es niemals ins Wasser ging und die anderen kleinen Enten, die frisch und sauber aus dem Wasser herauskamen, peinlich vermied.

Bald darauf wurde mir eine ganz junge Wildente gebracht, die mir auf Schritt und Tritt folgte. Setzte ich mich, so legte sie ihren Kopf an meinen Fuß. Ich hatte den Eindruck, daß es meine Stiefel waren, die diese Anziehungskraft auf sie ausübten, denn sie lief gelegentlich auch dem schwarzen Dachshunde nach. Daraus schloß ich, daß ein schwarzer bewegter Gegenstand genüge, um ihr das Bild der Mutter zu ersetzen, und ließ sie in der Nähe ihres mütterlichen Nestes aussetzen, um den verlorenen Familienanschluß wiederzugewinnen.

Heute ist es mir zweifelhaft geworden, ob das geschehen ist, seitdem ich darüber belehrt worden bin, daß man frisch aus dem Brutofen genommene Küken der Graugans sofort in die Tasche stecken und einer Gänsefamilie zuführen muß, damit sie sich willig ihren Artgenossen anschließen. Sind sie etwas länger in Gesellschaft des Menschen gewesen, so lehnen sie jede Gemeinschaft mit ihresgleichen ab.

In allen diesen Fällen handelt es sich um eine Verwechs-

Abb. 40a. Dohle in Kampfstellung gegen Katze.

Abb. 40b. Dohle in Kampfstellung gegen Badehose.

lung von Merkbildern, die besonders in der Umwelt der Vögel häufig vorkommen. Was wir über die Merkbilder der Vögel wissen, ist noch unzureichend, um sichere Schlüsse daraus zu ziehen.

Auf Abb. 20 haben wir bereits die Dohle auf der Jagd nach

Grashüpfern belauscht und den Eindruck gewonnen, daß die Dohle für den ruhenden Grashüpfer überhaupt kein Merkbild besitzt und er daher in der Umwelt der Dohlen nicht vorhanden ist.

Eine weitere Erfahrung über die Merkbilder der Dohlen gibt Abb. 40a und b. Man sieht hier eine Dohle in Angriffsstellung gegenüber einer Katze, die eine Dohle im Maul davonträgt. Eine Katze, die keine Beute im Maul trägt, wird niemals von den Dohlen angegriffen. Nur wenn ihr gefährliches Gebiß durch die Beute, die sich zwischen den Zähnen befindet, außer Gefecht gesetzt ist, wird sie zum Angriffsobjekt der Dohlen.

Dies scheint eine im hohen Maße zielsichere Handlung der Dohlen zu sein. Aber in Wahrheit handelt es sich bloß um eine planvolle Reaktion, die durchaus unabhängig von irgendeiner Einsicht der Dohlen abläuft. Denn man konnte beobachten, wie die gleiche Angriffsstellung eingenommen wurde, als eine schwarze Badehose vorbeigetragen wurde. Auch wurde die Katze, als sie eine weiße Dohle vorübertrug, nicht angegriffen. Das Merkbild eines vorbeigetragenen schwarzen Gegenstandes löst ohne weiteres die Angriffsstellung aus.

Ein so allgemein gehaltenes Merkbild kann stets Anlaß zu Verwechslungen geben, wie wir das bereits beim Seeigel feststellen konnten, in dessen Umwelt Wolke und Schiff stets mit dem Feinde Fisch verwechselt werden, weil der Seeigel auf jede Verdunklung des Horizontes in gleicher Weise reagiert.

Bei den Vögeln kommen wir aber nicht mit einer so einfachen Erklärung davon.

Über die bei gesellig lebenden Vögeln auftretenden Vorgänge gibt es eine Fülle von widersprechenden Erfahrungen, die Verwechslung von Merkbildern betreffend. Erst neuerdings ist es gelungen, an einem typischen Fall einer zahmen Dohle „Tschock" die leitenden Gesichtspunkte herauszuarbeiten.

Die gesellig lebenden Dohlen haben während ihres ganzen Lebens einen „Kumpan" um sich, mit dem sie gemeinsam die verschiedensten Handlungen ausführen. Wird eine Dohle einzeln aufgezogen, so verzichtet sie keineswegs auf den

Kumpan, sondern nimmt, wenn sie keine artgleichen Kumpane findet, „Ersatzkumpane“ an, und zwar kann für jede neue Betätigung ein neuer Ersatzkumpan einspringen. Lorenz war so liebenswürdig, mir die Abb. 41 a und b zu senden, auf dem man mit einem Blick die Kumpanverhältnisse übersehen kann.

Die Dohle Tschock besaß in ihrer Jugend als Mutterkumpan Lorenz selbst. Ihm folgte sie überallhin, ihn rief sie, um geatzt zu werden, an. Als sie gelernt hatte, sich selbst Futter zu holen, wählte sie als Liebeskumpan das Stubenmädchen, vor dem sie die charakteristischen Liebestänze aufführte. Später fand sie eine junge Dohle, die Adoptivkumpan wurde und die sie selbst atzte. Wenn Tschock sich zu längeren Flügen anschickte, dann versuchte sie auf Dohlenart Lorenz zum Mitfliegen zu bewegen, indem sie dicht hinter seinem Rücken emporflog. Als das nicht gelang, schloß sie sich fliegenden Krähen an, die nun ihre Flugkumpane wurden.

Wie man sieht, ist in der Umwelt der Dohlen kein einheitliches Merkbild für den Kumpan vorhanden. Das ist auch nicht möglich, da die Rolle des Kumpans stets wechselt.

Das Merkbild des Mutterkumpans scheint in den meisten Fällen bei der Geburt nicht festgelegt zu sein, was seine Form und Farbe betrifft. Dagegen ist es häufig die mütterliche Stimme.

„Man müßte“, schreibt L o r e n z, „an einem bestimmten Fall von Mutterkumpan herausarbeiten, welche Mutterzeichen angeboren sind und welche persönlich erworben werden. Das Unheimliche ist es ja eben, daß die erworbenen Mutterzeichen dann nach wenigen Tagen, sogar Stunden (Graugans, Heinroth), so eingraviert sind, daß man schwören würde, sie seien angeboren, wenn man das Jungtier erst in diesem Stadium von der Mutter wegnimmt.“

Das gleiche vollzieht sich bei der Wahl des Liebeskumpans. Auch hier werden die erworbenen Zeichen des Ersatzkumpans so sicher eingraviert, daß ein unverwechselbares Merkbild des Ersatzkumpans entsteht — nachdem sich die erste Verwechslung vollzogen hat. Infolgedessen werden selbst die artgleichen Tiere als Liebeskumpane abgelehnt.

Dies wird durch ein ergötzliches Erlebnis ins hellste Licht gerückt. Im Amsterdamer Zoo befand sich ein junges Rohrdommelpärchen, dessen Männchen sich in den Direktor des Zoo „verliebt" hatte. Um die Paarung nicht zu hindern, machte er sich längere Zeit unsichtbar. Das hatte den Erfolg, daß das Männchen sich an das Weibchen gewöhnte. Es kam zu einer glücklichen Ehe, und als das Weibchen auf seinen

Abb. 41 a und b. Die Dohle „Tschock" und ihre vier Kumpane.

Eiern brütend saß, wagte es der Direktor, sich wieder sehen zu lassen. Aber was geschah? Kaum erblickte das Männchen seinen ehemaligen Liebeskumpan, so jagte es das Weibchen vom Neste weg und schien durch wiederholte Verbeugungen anzudeuten, er möge den ihm zukommenden Platz einnehmen und das Brutgeschäft weiterführen.

Das Merkbild des Kindkumpans scheint meist fester umrissen zu sein. Wahrscheinlich spielt hier der aufgerissene

Rachen der Jungen die führende Rolle. Aber auch in diesem Falle erlebt man, daß bei hochgezüchteten Hühnerrassen, wie Orpingtons, junge Kätzchen und Kaninchenkinder von den Glucken bemuttert werden.

Der Ersatzkumpan für die freien Flüge ist wieder in weiterem Rahmen gehalten, wie „Tschock" zeigt.

Wenn man bedenkt, daß die vorbeigetragene Badehose zum angreifbaren Feind für die Dohle wird, d. h. den Wirkton „Feind" erhält, so wird man sagen können, daß es sich hier um einen Ersatzfeind handelt. Da es in der Umwelt der Dohlen viele Feinde gibt, so hat das Auftreten des Ersatzfeindes, besonders wenn es nur einmal geschieht, keinen Einfluß auf die Merkbilder der echten Feinde. Anders beim Kumpan. Dieser ist nur einmalig in der Umwelt vorhanden, und die Verleihung des Wirktones an einen Ersatzkumpan muß das spätere Auftreten eines echten Kumpans unmöglich machen. Nachdem das Merkbild des Stubenmädchens in der Umwelt von „Tschock" den ausschließlichen „Liebeston" erhalten hatte, waren alle anderen Merkbilder unwirksam geworden.

Wenn man sich vorstellt (was nicht ohne Analogie bei primitiven Menschen ist), daß in der Umwelt der Dohlen alle Lebewesen, d. h. die bewegten Dinge, in Dohlen und Nichtdohlen zerfallen, und wenn weiter, je nach der persönlichen Erfahrung, die Grenze anders gezogen ist, so kann man vielleicht verstehen, daß so groteske Mißgriffe vorkommen wie die eben beschriebenen. Nicht das Merkbild allein ist ausschlaggebend dafür, ob man es mit Dohlen oder Nichtdohlen zu tun hat, sondern das Wirkbild der eigenen Einstellung. Dieses allein entscheidet darüber, welches Merkbild den jeweiligen Kumpanton erhält.

## Suchbild und Suchton.

Ich beginne wieder mit zwei persönlichen Erfahrungen, die am besten erläutern werden, was unter dem für die Umwelt wichtigen Faktor — dem Suchbild — zu verstehen ist. Als ich längere Zeit bei einem Freunde zu Gast war, wurde mir täglich zum Mittagessen ein irdener Wasserkrug vor meinen Platz gestellt. Eines Tages hatte der Diener den Tonkrug zerschlagen und mir statt dessen eine Glaskaraffe hingestellt. Als ich beim Essen nach dem Krug suchte, sah ich die Glaskaraffe nicht. Erst als mein Freund mir versicherte, das

Abb. 42. Das Suchbild vernichtet das Merkbild.

Wasser stünde an seinem gewohnten Platz, schossen auf einmal verschiedene Glanzlichter, die auf Messern und Tellern verstreut lagen, durch die Luft zusammen und bildeten die Glaskaraffe. Dieser Erfahrung soll Abb. 42 Ausdruck geben. Das Suchbild vernichtet das Merkbild.

Die zweite Erfahrung ist folgende: Ich betrat eines Tages einen Laden, in dem ich eine größere Rechnung zu bezahlen hatte, und zog eine 100-Mark-Note. Diese war ganz neu und leicht geknickt, sie legte sich nicht auf den Ladentisch, sondern blieb auf ihrer Kante stehen. Ich bat die Verkäuferin, mir den Rest herauszugeben. Sie erklärte mir, ich habe noch nicht bezahlt. Vergeblich versuchte ich, sie darauf hinzuweisen, daß sich das Geld vor ihrer Nase befände. Sie wurde ärgerlich und bestand auf sofortiger Bezahlung. Da rührte ich den Schein mit dem Zeigefinger an, daß er umfiel und richtig zu liegen kam. Das Fräulein stieß einen kleinen Schrei aus, nahm dann den Schein und betastete ihn voller Besorgnis, er möge sich wieder in Luft auflösen. Auch in diesem Falle hatte offensichtlich das Suchbild das Merkbild ausgeschaltet.

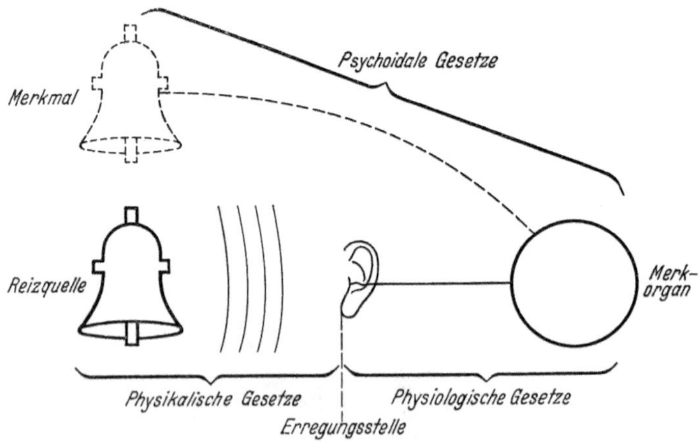


Abb. 43. Die Vorgänge beim Merken.

Es wird wohl jeder Leser ähnliche Erfahrungen gemacht haben, die wie Hexerei wirken.

In meiner Lebenslehre habe ich die hier wiedergegebene Abb. 43 veröffentlicht, welche die verschiedenen Vorgänge, die beim Merken eines Menschen ineinandergreifen, erläutert. Wenn wir eine Glocke vor einen Menschen hinstellen und sie erklingen lassen, so tritt sie in seiner Umgebung als Reizquelle auf, von der Luftquellen an sein Ohr dringen (physikalische Prozesse). Im Ohr werden die Luftquellen in Nervenerregungen verwandelt, die das Merkorgan des Gehirnes treffen (physiologische Prozesse). Nun springen die Merkzellen mit ihren Merkzeichen ein und verlegen ein Merkmal in die Umwelt (psychoidaler Prozeß).

Ziehen neben den Luftwellen, die das Ohr treffen, auch Ätherwellen zum Auge, das ebenfalls Erregungen zum Merkorgane entsendet, dann werden ihre Merkzeichen von Tönen und Farben durch ein Schema zu einer Einheit geformt, das, in die Umwelt hinausverlegt, zum Merkbild wird.

Die gleiche graphische Darstellung kann man auch zu Erläuterungen des Suchbildes benutzen. In diesem Falle soll die Glocke außerhalb des Gesichtsfeldes liegen. Die Merkzeichen der Töne werden ohne weiteres in die Umwelt hinausverlegt. Mit ihr verbunden ist aber ein unsichtbares optisches Merkbild, das als Suchbild dient. Tritt nach dem Suchen die Glocke in das Gesichtsfeld, so vereinigt sich das nun entstehende Merkbild mit dem Suchbild. Weichen beide allzusehr voneinander ab, so kann es geschehen, daß das Suchbild das Merkbild ausschaltet, wie aus den eben gegebenen Beispielen hervorgeht.

In der Umwelt des Hundes gibt es ganz bestimmt Suchbilder. Wenn der Herr seinen Hund einen Stock apportieren läßt, so hat der Hund, wie Abb. 44 a und b zeigt, ein ganz bestimmtes Suchbild des Stockes. Hier ist uns auch die Gelegenheit geboten, zu untersuchen, wie genau das Suchbild dem Merkbild entspricht.

Von der Kröte wird folgendes berichtet: Eine Kröte, die nach längerem Hungern einen Regenwurm verspeist hat, stürzt sich sogleich auf ein Zündhölzchen, das mit dem Regenwurm eine gewisse Formähnlichkeit besitzt. Es ist daraus zu schließen, daß ihr der eben verspeiste Regenwurm als Suchbild dient —, wie das auf Abb. 45 wiedergegeben ist.

Hat die Kröte dagegen ihren ersten Hunger mit einer Spinne gestillt, so besitzt sie ein anderes Suchbild, denn nun schnappt sie nach einem Stückchen Moos oder einer Ameise, was ihr aber sehr schlecht bekommt.

Nun suchen wir keineswegs immer nach einem bestimmten Gegenstand mit einem einmaligen Merkbild, sondern viel häufiger nach einem Gegenstand, der einem gewissen Wirkbilde entspricht. So sehen wir uns meistens nicht nach einem

Abb. 44a und b. Hund und Suchbild.

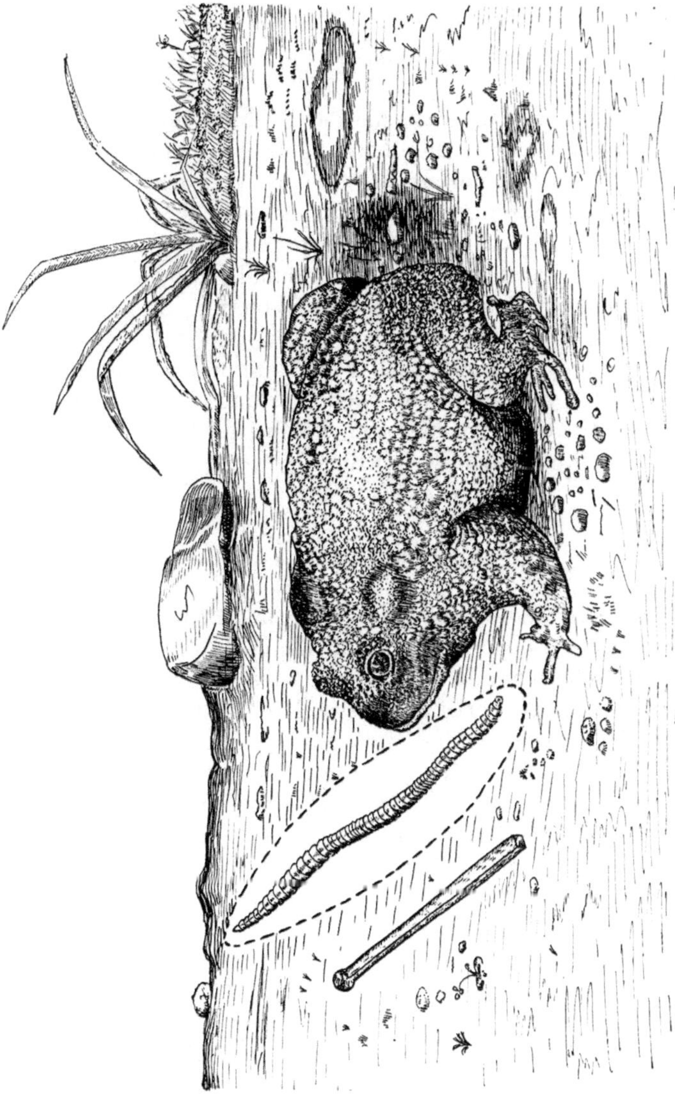

Abb. 45. Suchbild der Kröte.

timmten Stuhl um, sondern nach irgendeiner Sitzgelegen-
t, d. h. nach einem Ding, das sich mit einem bestimmten
stungston verbinden läßt. In diesem Fall kann man nicht

von einem Suchbilde, sondern nur von einem Suchton reden.

Wie groß die Rolle ist, die der Suchton in den Umwelten der Tiere spielt, geht aus dem angeführten Beispiel des Einsiedlerkrebses und der Seerose hervor. Was wir dort die verschiedene Stimmung des Krebses nannten, können wir jetzt viel genauer als den verschiedenen Suchton bezeichnen, mit dem der Krebs an das gleiche Merkbild heranging, und ihm bald einen Schutzton, bald einen Wohnungston, bald einen Nahrungston verlieh.

Die hungernde Kröte geht zuerst nur mit einem allgemeinen Freßton auf die Suche nach Nahrung, und erst nachdem sie einen Regenwurm oder eine Spinne gefressen, gesellt sich ein bestimmtes Suchbild hinzu.

## Die magischen Umwelten.

Zweifellos besteht überall ein grundsätzlicher Gegensatz zwischen der Umgebung, die wir Menschen um die Tiere ausgebreitet sehen, und den von ihnen selbst aufgebauten und mit ihren Merkdingen erfüllten Umwelten. Bisher waren in der Regel die Umwelten das Erzeugnis der durch äußere Reize wachgerufenen Merkzeichen gewesen. Von dieser Regel machten bereits das Suchbild sowie die Tracierung des bekannten Weges und die Abgrenzung der Heimat eine Ausnahme, die auf keinerlei äußere Reize zurückzuführen waren, sondern freie subjektive Erzeugnisse darstellten.

Diese subjektiven Erzeugnisse hatten sich im Anschluß an wiederholte persönliche Erfahrungen des Subjektes herausgebildet.

Wenn wir nun weitergehen, betreten wir Umwelten, in denen sehr wirkungsvolle, aber nur dem Subjekt sichtbare Erscheinungen auftreten, die an keine Erfahrungen oder höchstens an ein einmaliges Erlebnis gebunden sind. Solche Umwelten nennen wir *magische*.

Wie tief viele Kinder in magischen Umwelten leben, dafür möge folgendes als Beispiel dienen:

Frobenius erzählt in seinem Paideuma von einem kleinen Mädchen, das mit einer Streichholzschachtel und drei Streichhölzern die Geschichte vom Knusperhäuschen, Hänsel und Gretel und der bösen Hexe still vor sich hinspielte und plötzlich ausrief: „Nimm mir die Hexe fort, ich kann ihr scheußliches Gesicht nicht mehr ansehen."

Dieses typisch-magische Erlebnis ist in der Abb. 46 angedeutet. Jedenfalls ist die böse Hexe leibhaftig in der Umwelt des kleinen Mädchens aufgetreten.

Solche Erfahrungen sind den Forschungsreisenden bei primitiven Völkern oft aufgestoßen. Man behauptet von den Primitiven, daß sie in einer magischen Welt leben, in der sich phantastische Erscheinungen unter die sinnlich gegebenen Dinge ihrer Welt mischen.

Abb. 46. Die magische Erscheinung der Hexe.

Wer genauer zusieht, wird in mancher Umwelt hochkultivierter Europäer den gleichen magischen Bildungen begegnen.

Es fragt sich nun, ob die Tiere ebenfalls in magischen Umwelten leben? Von Hunden werden mehrfach magische Erlebnisse berichtet. Doch sind diese Angaben bisher nicht genügend kritisch gesichtet worden. Im großen und ganzen aber wird man wohl zugeben müssen, daß die Hunde ihre Erfahrungen in einer Weise miteinander verbinden, die eher einen magischen als einen logischen Charakter trägt. Die Rolle, die der Herr in der Umwelt des Hundes spielt, wird sicher magisch erfaßt und nicht in Ursache und Wirkung zergliedert.

Über eine zweifellos magische Erscheinung in der Umwelt eines Vogels berichtet ein befreundeter Forscher: Er hatte einen jungen Star im Zimmer aufgezogen. Der Vogel hatte keine Gelegenheit, je eine Fliege zu sehen, geschweige denn zu fangen. Da beobachtete er (Abb. 47), daß der Star plötzlich auf einen unsichtbaren Gegenstand losfuhr, ihn in der Luft erschnappte, mit ihm auf seinen Sitzplatz zurückkehrte und nun mit dem Schnabel darauf loshackte, wie das alle

Stare mit gefangenen Fliegen zu tun pflegen, und dann das unsichtbare Ding hinunterschluckte.

Es bestand kein Zweifel darüber, daß der Star die Erscheinung einer imaginären Fliege in seiner Umwelt gehabt hatte. Offenbar war seine ganze Umwelt derart mit dem „Freßton" geladen, daß auch ohne das Auftreten eines sinnlichen Reizes das sprungbereite Wirkbild des Fliegenfanges

Abb. 47. Star und imaginäre Fliege.

das Auftreten des Merkbildes erzwang, was zur Auslösung der ganzen Handlungsfolge führte.

Diese Erfahrung gibt uns einen Fingerzeig, uns sonst völlig rätselhafte Handlungen verschiedener Tiere magisch zu deuten.

Abb. 48 erläutert die bereits von Fabre erforschte Handlungsweise der Erbsenkäferlarve, die sich rechtzeitig in dem noch weichem Fleisch der jungen Erbse einen Kanal bis an die Oberfläche bohrt, den sie erst nach ihrer Verwandlung in den ausgewachsenen Käfer aus der inzwischen hart gewordenen Erbse zum Ausschlüpfen benutzt. Es ist ganz sicher, daß es sich hier um eine zwar planvolle, aber vom Standpunkt der

Käferlarve völlig sinnlose Betätigung handelt, denn kein Sinnenreiz des künftigen Käfers kann seine Larve erreichen. Kein Merkzeichen kündet der Larve den Weg, den sie noch niemals beschritten und den sie doch beschreiten muß, wenn sie nach ihrer Umwandlung zum Käfer nicht elend verkommen soll. Klar vorgezeichnet liegt der Weg vor ihr als eine magische Bildung. An Stelle des durch Erfahrung gewonnenen bekannten Weges tritt hier der angeborene Weg.

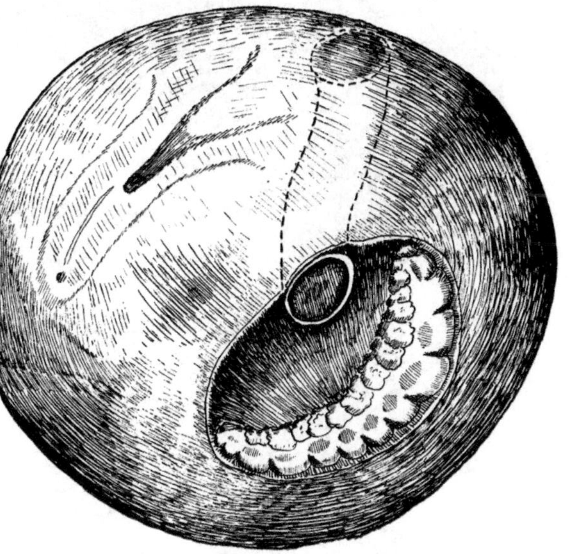

Abb. 48. Der magische Weg der Erbsenkäferlarve.

Die Abbildungen 49 u. 50 zeigen zwei weitere Beispiele des angeborenen Weges. Das Weibchen des Trichterwicklers beginnt an einer bestimmten Stelle des Birkenblattes (die ihr möglicherweise durch ihren Geschmack kenntlich ist), eine geschwungene Linie von vorgeschriebener Form in das Blatt zu schneiden, die es ihr ermöglicht, nachträglich das Blatt zu einer Tüte zusammenzurollen, in die es seine Eier legen wird. Obgleich der Käfer den Weg nie beschritten hat und das Birkenblatt keine Andeutung des Weges zeigt, muß dieser doch in voller Klarheit als magische Erscheinung vor ihm liegen.

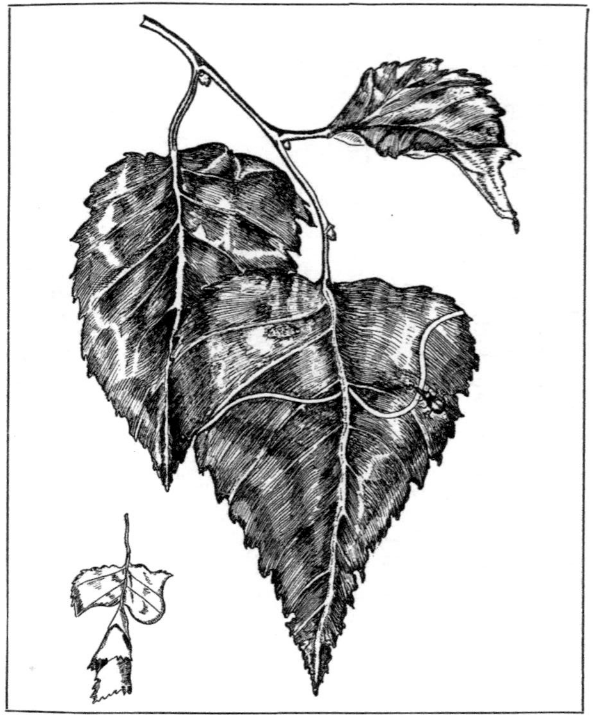

Abb. 49. Der magische Weg des Trichterwicklers.

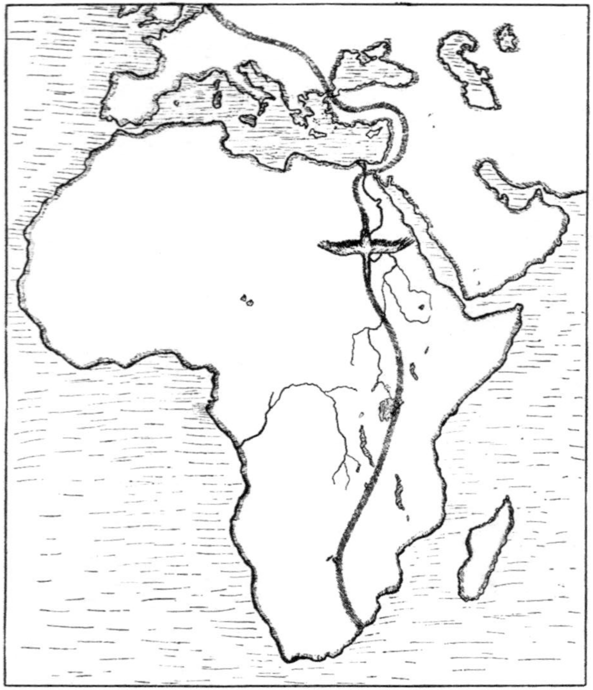

Abb. 50. Der magische Weg des Zugvogels.

Das gleiche gilt für die Flugstraße der Wandervögel. Die Kontinente tragen, nur den Vögeln sichtbar, den angeborenen Weg. Das gilt sicher für jene Jungvögel, die ohne Begleitung ihrer Eltern sich auf den Weg machen, während für die anderen die Erwerbung eines bekannten Weges nicht außerhalb der Möglichkeit liegt.

Wie der bekannte Weg, den wir ausführlich behandelt haben, wird auch der angeborene Weg sowohl durch den Sehraum wie den Wirkraum führen.

Der einzige Unterschied zwischen beiden liegt darin, daß beim bekannten Wege eine Reihe von Merk- und Wirkzeichen einander ablösen, die durch vorangegangene Erfahrungen festgelegt wurden, während beim angeborenen Weg die gleiche Reihe von Zeichen als magische Erscheinung unmittelbar gegeben ist.

Für den außenstehenden Beobachter ist der bekannte Weg in einer fremden Umwelt genau so unsichtbar wie der angeborene. Und wenn man annimmt, daß der bekannte Weg für das fremde Subjekt in dessen Umwelt in Erscheinung tritt — woran nicht zu zweifeln ist —, so fehlt jede Veranlassung, die Erscheinung des angeborenen Weges zu leugnen; da sie sich aus den gleichen Elementen, den hinausverlegten Merkzeichen und Wirkzeichen, zusammensetzt. In dem einen Fall sind sie durch sinnliche Reize hervorgerufen worden, in dem anderen Fall werden sie wie eine angeborene Melodie nacheinander anklingen.

Wenn einem Menschen ein bestimmter Weg angeboren wäre, so würde sich dieser wie der bekannte Weg beschreiben lassen: hundert Schritte bis zum roten Hause, dann rechts herum usw.

Will man nur das, was durch die Sinneserfahrung dem Subjekt gegeben ist, sinnvoll nennen, so ist freilich nur der bekannte Weg sinnvoll zu nennen, der angeborene aber nicht. Darum bleibt er aber doch im höchsten Grade planvoll.

Daß die magischen Erscheinungen in der Tierwelt eine weit größere Rolle spielen, als wir vermuten, dafür spricht eine merkwürdige Erfahrung, über die ein neuerer Forscher berichtet hat. Er hatte eine Henne in einem bestimmten Stall gefüttert und, während sie die Körner aufpickte, ein Meerschweinchen in den Stall gelassen. Die Henne geriet außer sich und flatterte heftig umher. Von nun ab war die Henne nicht mehr dazu zu bringen, in diesem Stall Nahrung zu sich zu nehmen. Sie wäre mitten unter den schönsten Körnern verhungert. Offenbar hing die Erscheinung des ersten Erlebnisses als magischer Schatten über dem Stall — was die Abb. 51 ausdrücken soll. Das legt die Vermutung nahe, daß

Abb. 51. Der magische Schatten.

auch dann, wenn die Glucke auf das piepende Küken zustürzt und mit heftigen Schnabelhieben einen imaginären Feind verjagt, eine magische Erscheinung in ihrer Umwelt aufgetreten ist.

Je weiter wir uns in das Studium der Umwelten vertieft haben, um so mehr haben wir uns davon überzeugen müssen, daß in ihnen wirksame Faktoren auftreten, denen man keine objektive Wirklichkeit zusprechen kann. Beginnend mit dem Ortemosaik, das das Auge den Dingen der Umwelt aufprägt und das in der Umgebung ebensowenig vorhanden ist wie die

Richtungsebenen, die den Umweltraum tragen. Ebenfalls war es unmöglich, einen Faktor in der Umgebung zu finden, der dem bekannten Wege des Subjekts entspricht. Die Einteilung von Heimat und Beutefeld gibt es in der Umgebung nicht. Keine Spuren des wichtigen Suchbildes in der Umwelt sind in der Umgebung vorhanden. Nun sind wir zum Schluß auf die magische Erscheinung des angeborenen Weges gestoßen, die jeder Objektivität spottet und doch planmäßig in die Umwelt eingreift.

Es gibt also reine subjektive Wirklichkeiten in den Umwelten. Aber auch die objektiven Wirklichkeiten der Umgebung treten nie als solche in den Umwelten auf. Sie werden stets in Merkmale oder Merkbilder verwandelt und mit einem Wirkton versehen, der sie erst zu wirklichen Gegenständen macht, obgleich vom Wirkton in den Reizen nichts vorhanden ist.

Und schließlich lehrt uns der einfache Funktionskreis, daß sowohl Merkmale wie Wirkmale Äußerungen des Subjekts sind und die Eigenschaften der Objekte, die der Funktionskreis einschließt, nur als ihre Träger angesprochen werden können.

So kommen wir dann zum Schluß, daß ein jedes Subjekt in einer Welt lebt, in der es nur subjektive Wirklichkeiten gibt und die Umwelten selbst nur subjektive Wirklichkeiten darstellen.

Wer die Existenz subjektiver Wirklichkeiten leugnet, hat die Grundlagen seiner eigenen Umwelt nicht erkannt.

## Das gleiche Subjekt als Objekt in verschiedenen Umwelten.

Die bisherigen Kapitel beschrieben einzelne Streifzüge nach verschiedenen Richtungen in das unbekannte Land der Umwelt. Sie waren nach Problemen geordnet, um in jedem Fall eine einheitliche Betrachtungsweise zu gewinnen.

Wenngleich einige Grundprobleme dabei behandelt worden

sind, so ist durchaus keine Vollständigkeit erreicht und erstrebt worden. Viele Probleme harren der gedanklichen Erfassung, und andere sind über die bloße Fragestellung noch

Abb. 52. Förster und Eiche.

nicht hinausgediehen. So wissen wir noch nichts darüber, wieviel vom eigenen Körper des Subjektes in seine Umwelt übergeht. Nicht einmal die Frage der Bedeutung des eigenen Schattens im Sehraum ist experimentell in Angriff genommen worden.

So wichtig die Verfolgung von einzelnen Problemen für die Umweltforschung ist, so unzureichend ist sie, um einen Überblick über den Zusammenhang der Umwelten untereinander zu gewinnen.

Abb. 53. Mädchen und Eiche.

Auf einem beschränkten Gebiet läßt sich jeweils ein solcher Überblick erreichen, wenn man der Frage nachgeht: Wie nimmt sich das gleiche Subjekt als Objekt in verschiedenen Umwelten, in denen es eine wichtige Rolle spielt, aus?

Ich wähle als Beispiel eine Eiche, die von vielen Tiersubjekten bevölkert ist und in jeder Umwelt dazu berufen ist, eine andere Rolle zu spielen. Da die Eiche auch in verschiedenen menschlichen Umwelten auftritt, beginne ich mit diesen.

Abb. 54. Fuchs und Eiche.

Die Abbildungen 52 und 53 sind Wiedergaben zweier Zeichnungen, die wir der Künstlerhand Franz Huths verdanken.

(Abb. 52.) In der durchaus rationalen Umwelt des alten Forstmannes, der zu bestimmen hat, welche Stämme seines Waldes schlagreif sind, ist die der Axt verfallene Eiche nichts anderes als einige Klafter Holz, was der Förster durch ge-

Abb. 55. Eule und Eiche.

naues Messen festzustellen sucht. Dabei wird die aufgewulstete Rinde, die zufällig einem menschlichen Gesicht gleicht, nicht weiter beachtet. Die nächste Abb. 53 zeigt die gleiche Eiche in der magischen Umwelt eines kleinen Mädchens, deren Wald noch von Gnomen und Kobolden bevölkert ist. Das

Mädchen erschrickt heftig, als die Eiche sie mit ihrem bösen Gesicht ansieht. Die ganze Eiche ist zu einem gefährlichen Dämon geworden.

Im Schloßpark meines Vetters in Estland stand ein alter Apfelbaum. Auf ihm war ein großer Baumschwamm gewachsen, der eine entfernte Ähnlichkeit mit dem Gesicht eines Clowns hatte, was bisher niemand bemerkt hatte. Eines Tages ließ mein Vetter ein Dutzend russischer Saisonarbeiter kommen, die den Apfelbaum entdeckten und sich nun täglich vor ihm versammelten, um eine Andacht zu halten, wobei sie Gebete murmelten und sich bekreuzigten. Sie erklärten, der Schwamm müsse ein wundertätiges Bild sein, weil er nicht von Menschenhand verfertigt sei. Ihnen erschienen magische Vorgänge in der Natur als ganz selbstverständlich.

Doch kehren wir zur Eiche und ihren Bewohnern zurück. Für den Fuchs (Abb. 54), der sich zwischen den Wurzeln einer Eiche seine Höhle gebaut hat, ist die Eiche zu einem festen Dach geworden, das ihn und seine Familie vor den Fährnissen der Witterung schützt. Sie besitzt weder den Nutzton aus der Umwelt des Försters noch den Gefahrton aus der Umwelt des kleinen Mädchens, sondern lediglich einen Schutzton. Wie sie im übrigen gestaltet ist, spielt in der Umwelt des Fuchses keine Rolle.

Ebenfalls einen Schutzton weist die Eiche in der Umwelt der Eule auf (Abb. 55). Nur sind es diesmal nicht ihre Wurzeln, die gänzlich außerhalb der Umwelt liegen, sondern die mächtigen Äste, die ihr als Schutzwand dienen.

Für das Eichhörnchen gewinnt die Eiche mit ihren reichen Verzweigungen, die bequeme Sprungbretter darbieten, einen Kletterton, und für die Singvögel, die in den fernen Verästelungen ihre Nester bauen, bietet sie den nötigen Tragton.

Entsprechend den verschiedenen Wirktönen sind auch die Merkbilder der zahlreichen Insassen der Eiche verschieden gestaltet. Jede Umwelt schneidet aus der Eiche einen bestimmten Teil heraus, deren Eigenschaften geeignet sind, sowohl die Merkmalträger wie die Wirkmalträger ihrer Funktionskreise zu bilden. In der Umwelt der Ameise (Abb. 56) verschwindet die ganze übrige Eiche hinter ihrer rissigen

Rinde, deren Täler und Höhen zum Beutefeld der Ameisen werden.

(Abb. 57.) Unterhalb der Rinde, die er absprengt, sucht der Borkenkäfer seine Nahrung. Hier legt er seine Eier ab.

Abb. 56. Ameise und Eiche.

Seine Larven bohren unterhalb der Rinde ihre Gänge, wo sie, geschützt von den Gefahren der Außenwelt, sich in ihrer Nahrung weiterfressen. Aber nicht ganz geschützt sind sie. Denn nicht nur der Specht, der mit mächtigen Schnabelhieben die Rinde abspaltet, stellt ihnen nach, auch eine

Schlupfwespe (Abb. 58), deren feiner Legestachel das (in allen anderen Umwelten) harte Holz der Eiche wie Butter durchdringt, vernichtet sie, indem sie ihnen ihre Eier ein-

Abb. 57. Borkenkäfer und Eiche.

impft. Aus den Eiern schlüpfen Larven hervor, die sich vom Fleisch ihrer Opfer mästen.

In all den hundert verschiedenen Umwelten ihrer Bewohner

spielt die Eiche als Objekt eine höchst wechselvolle Rolle, bald mit diesen, bald mit jenen Teilen. Bald sind die gleichen Teile groß, bald klein. Bald ist ihr Holz hart, bald weich. Bald dient sie dem Schutz, bald dem Angriff.

Wollte man all die widersprechenden Eigenschaften, die die Eiche als Objekt aufweist, zusammenfassen, es würde nur ein

Abb. 58. Schlupfwespe und Eiche.

Chaos daraus entstehen. Und doch sind sie alle nur Teile eines in sich festgefügten Subjektes, das alle Umwelten trägt und hegt — von allen Subjekten dieser Umwelten nicht erkannt und ihnen nie erkennbar.

## Schluß.

Was wir an der Eiche im kleinen erkannt haben, spielt sich am Lebensbaume der Natur im großen ab.

Aus den Millionen Umwelten, deren Menge uns verwirren würde, greifen wir nur diejenigen heraus, die der Erforschung der Natur gewidmet sind —, die Umwelten der Naturforscher.

Abb. 59 zeigt uns die Umwelt des Astronomen, die am leichtesten darstellbar ist. Auf einem hohen Turm, möglichst weit entfernt von der Erde, sitzt ein menschliches Wesen, das seine Augen durch riesige optische Hilfsmittel so verändert hat, daß sie geeignet wurden, den Weltraum bis zu den letzten Sternen zu durchdringen. In seiner Umwelt kreisen Sonnen und Planeten in feierlichem Gang. Das schnellfüßige Licht braucht Millionen von Jahren, um diesen Umweltraum zu durchdringen.

Und doch ist diese ganze Umwelt nur ein winziger Ausschnitt der Natur, zugeschnitten nach den Fähigkeiten eines Menschensubjektes.

Mit geringen Abänderungen kann man das Astronomenbild benutzen, um eine Vorstellung der Umwelt eines Tiefseeforschers zu gewinnen. Nur kreisen nicht Gestirne um sein Gehäuse, sondern die phantastischen Gestalten der Fische der Tiefsee mit ihren unheimlichen Mäulern, ihren langen Fühlern und ihren strahlenförmigen Leuchtorganen. Auch hier blicken wir in eine wirkliche Welt, die einen kleinen Ausschnitt der Natur wiedergibt.

Die Umwelt eines Chemikers, der mit Hilfe der Elemente wie mit 92 Buchstaben den rätselhaften Zusammenhang der Stoffworte der Natur zu lesen und zu schreiben trachtet, ist schwer anschaulich wiederzugeben.

Eher gelingt es, die Umwelt eines Atomphysikers darzustellen, denn ähnlich, wie die Gestirne den Astronomen umkreisen, umkreisen ihn die Elektronen. Nur herrscht hier keine Weltenruhe, sondern ein rasendes Getriebe der kleinsten Teile, aus denen der Physiker mit einem Bombardement winzigster Geschosse Absprengungen vornimmt.

Wenn ein anderer Physiker in seiner Umwelt die Ätherwellen untersucht, so benutzt er wieder ganz andere Hilfsmittel, die ihm ein Bild der Wellen liefern. Nun kann er feststellen, daß die Lichtwellen, die unser Auge reizen, sich den anderen Wellen anschließen, ohne irgendwelche Unterschiede zu zeigen. Es sind eben Wellen und weiter nichts.

Eine ganz andere Rolle spielen die Lichtwellen in der Umwelt des Sinnesphysiologen. Hier werden sie zu Farben, die ihre eigenen Gesetze haben. Rot und Grün vereinigen sich zu Weiß, und die Schatten, auf eine gelbe Unterlage geworfen, werden blau. Vorgänge, die bei den Wellen unerhört sind,

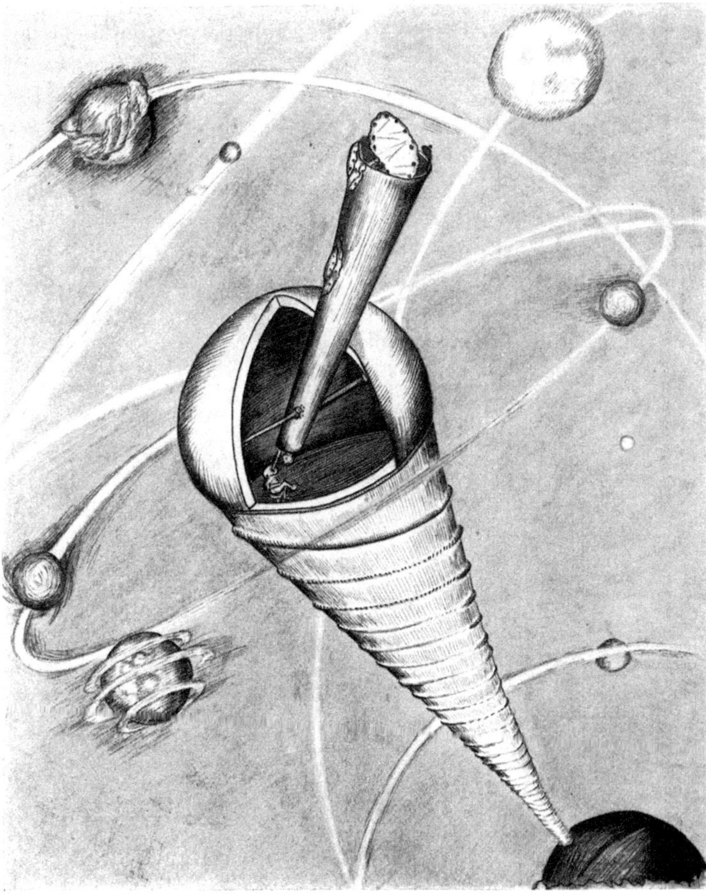

Abb. 59. Die Umwelt des Astronomen.

und doch sind die Farben genau so wirklich wie die Ätherwellen.

Den gleichen Gegensatz zeigen die Umwelten eines Erforschers der Luftwellen und eines Musikforschers. In der einen gibt es nur Wellen, in der anderen nur Töne. Beide sind aber gleich wirklich.

So geht es weiter. In der Umwelt des Behavioristen erzeugt der Körper den Geist, und in der Welt des Psychologen erbaut der Geist den Körper.

Es ist die Rolle, die die Natur als Objekt in den verschiedenen Umwelten der Naturforscher spielt, höchst widerspruchsvoll. Wenn man ihre objektiven Eigenschaften zusammenfassen wollte, so ergäbe sich ein Chaos. Und doch werden alle diese verschiedenen Umwelten gehegt und getragen von dem Einen, das allen Umwelten für ewig verschlossen bleibt.

Hinter all seinen von ihm erzeugten Welten verbirgt sich ewig unerkennbar das Subjekt — Natur.

GPSR Compliance

*The European Union's (EU) General Product Safety Regulation (GPSR) is a set of rules that requires consumer products to be safe and our obligations to ensure this.*

*If you have any concerns about our products, you can contact us on ProductSafety@springernature.com*

In case Publisher is established outside the EU, the EU authorized representative is:

Springer Nature Customer Service Center GmbH
Europaplatz 3
69115 Heidelberg, Germany

**Batch number: 10682534**

Printed by Printforce, the Netherlands